冶金工业出版社

高职高专"十四五"规划教材

氧化铝生产

主　编　刘振楠　姚春玲
副主编　李永佳　保思敏　李亚东　范兴祥

扫看数字资源

北　京
冶金工业出版社
2024

内 容 提 要

本书结合目前新建大型氧化铝企业的生产实际,重点介绍了拜耳法生产氧化铝各工序的基本原理、工艺流程、主要设备、工艺参数、技术指标、基本操作、常见故障及处理等知识,同时阐述了氧化铝生产安全、职业素养、环境保护和资源综合利用等内容。全书分8章:第1章主要介绍氧化铝生产的基础知识,第2~7章分别介绍拜耳法生产氧化铝的原料制备、高压溶出、赤泥沉降分离、晶种分解、分解母液蒸发与苏打苛化、氢氧化铝焙烧等工序的相关知识,第8章主要介绍氧化铝生产中赤泥的综合利用与环境保护等内容。

本书可作为高职高专院校智能冶金技术、化工生产技术等专业的教材,也可作为行业职业技能培训用书和工程技术人员参考用书。

图书在版编目(CIP)数据

氧化铝生产/刘振楠,姚春玲主编. —北京:冶金工业出版社,2022.10
(2024.8 重印)

高职高专"十四五"规划教材

ISBN 978-7-5024-9306-6

Ⅰ.①氧… Ⅱ.①刘… ②姚… Ⅲ.①氧化铝—生产工艺—高等职业教育—教材 Ⅳ.①TF821

中国版本图书馆 CIP 数据核字(2022)第 194205 号

氧化铝生产

出版发行	冶金工业出版社	电　　话	(010)64027926
地　　址	北京市东城区嵩祝院北巷 39 号	邮　　编	100009
网　　址	www.mip1953.com	电子信箱	service@ mip1953.com

责任编辑　杨盈园　王梦梦　美术编辑　彭子赫　版式设计　郑小利
责任校对　王永欣　责任印制　禹　蕊
北京印刷集团有限责任公司印刷
2022 年 10 月第 1 版,2024 年 8 月第 4 次印刷
787mm×1092mm　1/16;12.75 印张;304 千字;189 页
定价 46.00 元

投稿电话　(010)64027932　投稿信箱　tougao@cnmip.com.cn
营销中心电话　(010)64044283
冶金工业出版社天猫旗舰店　yjgycbs.tmall.com
(本书如有印装质量问题,本社营销中心负责退换)

前　言

　　氧化铝生产是现代铝工业的重要生产环节之一。经过改革开放40多年的发展，中国铝工业已经建立了从科研、勘探、设计到矿山开采、冶炼、加工以及废杂铝回收再生的完整现代化铝工业体系。新工艺、新技术以及智能新装备的工业化应用，对氧化铝生产从业人员的综合素质提出了更高的要求，更新知识、加强技术交流已成为氧化铝行业可持续发展的共识。因此，紧密结合目前新建大型氧化铝企业的生产实际，全面系统总结拜耳法生产氧化铝各环节的基本原理和工艺特点，整理氧化铝工业先进智能制造设备应用情况和科技进步成果，更新氧化铝生产的专业知识，具有重要意义和价值。

　　为了适应氧化铝生产技术发展的需要，通过与氧化铝生产企业的合作，作者以实际工艺流程为导向选择和组织课程内容，以氧化铝制取国家职业技能标准为依据，根据企业的生产实际和岗位群的技能要求编写了本书。本书主要介绍了拜耳法生产氧化铝过程中原料制备、高压溶出、赤泥沉降分离、晶种分解、分解母液蒸发与苏打苛化、氢氧化铝焙烧等工序的基本原理、工艺流程、主要设备、工艺参数、技术指标、基本操作、常见故障及处理等相关知识，同时介绍了氧化铝生产安全、职业素养、环境保护和资源综合利用等内容。除此之外，本书还融入思政元素，如劳模精神、劳动精神、工匠精神、创新精神等，把立德树人这一教育根本任务贯穿课程始终。

　　本书可作为高职高专院校智能冶金技术、化工生产技术等专业的教材，也可用于行业职业技能培训和专业工程技术人员参考。通过对本书的学习，学习者可提高逻辑思维能力和计算能力，培养爱岗敬业、精益求精的职业素养，初步达到独自分析和解决实际生产问题的水平，能够在氧化铝生产企业中从事生产操作和技术改造工作，成为高素质技术型应用人才。同时，我国是世界冶金大国，通过对本书的学习，学习者可感受大国冶金的魅力，学习大国工匠精神。

　　本书第 1~3 章由刘振楠编写，第 4 章由姚春玲编写，第 5 章由李永佳编写，第 6 章由保思敏编写，第 7 章由李亚东编写，第 8 章由范兴祥编写。全书由刘振楠、姚春玲进行统稿。作者在本书编写过程中参考了大量文献资料，在此对本书引用的所有参考资料的作者、出版社致以诚挚的谢意！

　　由于作者水平所限，书中不妥之处，恳请读者批评指正。

作　者
2022 年 6 月

目　录

1 氧化铝生产的基础知识

1.1 氧化铝工业概况

1.1.1 现代铝工业的情况

铝具有特殊的化学、物理特性，是当今最常用的金属之一，不仅在建筑、交通运输、电力、包装等国民经济领域得到了广泛的应用，而且也是国防军工和高新技术产业的重要支撑材料。同时，由于铝具有良好的再生利用性能，所以在发展循环经济、推进节能减排、保护生态环境等进程中发挥着重要作用。预计未来全球铝的需求量还将持续增长，其生产应用水平已成为一个国家现代化程度的重要标志。

中国铝工业是在新中国成立后才逐步发展起来的。1949年全国铝产量仅10t。经过1949~1978年的艰难发展，基本建立了较为完整的铝工业体系。经过改革开放40多年的发展，中国铝工业已经建立了从科研、勘探、设计到矿山开采、冶炼、加工以及废杂铝回收再生的完整现代化铝工业体系，为国民经济、国防工业、科技发展和满足人民生活日益增长的需要做出了重要贡献。

现代铝工业主要包括三个生产环节：

(1) 从铝土矿提取氧化铝，即氧化铝生产。

(2) 用冰晶石-氧化铝熔盐电解法生产金属铝，即铝电解。

(3) 铝加工。

其中，氧化铝生产和铝电解是现代铝冶金工业的两大组成部分。

1.1.2 氧化铝的产量及分布

全世界氧化铝的产量呈逐年增长的趋势。2004年后，世界上新建、扩建的氧化铝项目较多，主要集中在中国和澳大利亚。21世纪以来，澳大利亚氧化铝产量以4%的年平均增速稳定增长，氧化铝产量接近世界总产量的30%左右。除澳大利亚之外，全球主要的氧化铝生产国为中国、美国、巴西、牙买加、俄罗斯以及印度等，上述7个国家的氧化铝产量占全球氧化铝产量的70%以上。

2006年后，我国一批新建和扩建的氧化铝项目陆续投产，并逐渐进入产能快速释放期，氧化铝产量快速增加。2021年，我国氧化铝总产量为7747.5万吨，继续保持高位发展，2013~2019年我国氧化铝产量复合增长率达8.52%。我国氧化铝工业的快速发展已经对世界氧化铝总产能和销售市场产生了重大的影响。

我国氧化铝产能分布具有明显的资源导向特性，主要聚集在三个地区：一是以广西、贵州、重庆和云南为主的西南地区，二是以山西、河南为主的北方地区，三是以进口矿为主的山东地区。表1-1给出了2017~2021年中国主要省（市、自治区）氧化铝产量统计情况。从这些数据来看，2021 年氧化铝产量排名前三位的分别是山东、山西和广西，氧化铝产量分别为 2748.94 万吨、1959.50 万吨和 1133.45 万吨，产量合计为 5841.89 万吨，占全国总产量的 75.4%。

表 1-1 2017~2021 年中国主要省（市、自治区）氧化铝产量统计　　　　（万吨）

省（市、自治区）	2017 年	2018 年	2019 年	2020 年	2021 年
内蒙古	42.49	38.34	31.57	38.03	43.55
山西	1928.60	2024.46	1996.26	1812.38	1959.50
江西	0	0	0.74	2.84	17.02
山东	2113.02	2561.91	2567.96	2800.77	2748.94
河南	1156.06	1163	1095.83	1010.86	1030.37
广西	1045.80	816.77	846.46	941.06	1133.45
重庆	68.50	73.60	132.88	136.64	151.99
四川	18.00	6.98	11.70	12.35	13.70
贵州	433.14	421.92	404.11	427.64	509.46
云南	92.39	139.32	150.48	130.54	139.30

氧化铝的市场价格受其生产成本、产能、库存量和需求量等因素影响，波动幅度较大。2021 年全年受供需关系影响，我国氧化铝单价波动区间在 2400~4100 元/t。

1.1.3　氧化铝的用途

氧化铝是生产电解铝的主要原料，90%以上的氧化铝都用于电解炼铝，但是电子、石油、化工、耐火材料、陶瓷、磨料、防火剂、造纸以及制药等许多部门也需要各种特殊性能的氧化铝和氢氧化铝。国内外不少氧化铝厂都致力于发展多品种氧化铝的生产，如活性氧化铝、低钠氧化铝、喷涂氧化铝、α-氧化铝、γ-氧化铝、填料氧化铝、微粉氢氧化铝、高纯氢氧化铝、粗粒氢氧化铝、氢氧化铝凝胶及低钠氢氧化铝等。这些非冶金用的多品种氧化铝约占整个氧化铝产量的 8%，长期增长率为 5%，高于冶金用氧化铝。目前非冶金级氧化铝品种已近 200 种，各具优良的物理化学性能，用途广泛，价格远高于冶金用氧化铝，经济效益显著，其开发正方兴未艾。

1.2　氧化铝及其水合物的性质

氧化铝及其水合物是构成各种类型铝土矿的主要成分，氧化铝及其水合物和杂质氧化物的性质是选择和确定氧化铝生产工艺流程与技术参数的基本依据。因此，研究氧化铝及其水合物的性质具有重要意义。

1.2.1　氧化铝的分类和性质

1.2.1.1　氧化铝的分类

根据晶型结构划分，氧化铝有很多种同素异构体，但常见的结构稳定的氧化铝主要有 α 型和 γ 型两种。在 $\alpha\text{-}Al_2O_3$ 的晶格中，氧离子为六方紧密堆积，铝离子对称地分布在氧离子围成的八面体配位中心，晶格能很大，故熔点、沸点很高。在 γ-Al_2O_3 的晶格中，氧离子近似为面心立方紧密堆积，铝离子不规则地分布在由氧离子围成的八面体和四面体空隙之中，将它加热至 1200℃ 就会全部转化为 α-Al_2O_3。

根据用途不同，氧化铝可分为两大类：一类用作电解铝原料的氧化铝，称为冶金级氧化铝；另一类用作陶瓷、化工、制药等领域的非冶金用氧化铝，称为特种氧化铝，也称为化学品氧化铝。同时，根据物理性质的不同，氧化铝还可分为砂状氧化铝、中间状氧化铝和面粉状氧化铝。因此，需要根据下游产业的要求控制氧化铝生产的工艺技术条件，以得到所需类型的氧化铝产品。

1.2.1.2 氧化铝的性质

在工业上氧化铝主要从铝土矿中提取，目前世界上用拜耳法生产的氧化铝占总产量的 95% 以上。纯净的氧化铝是白色无定形粉末，真密度 3.5~3.6g/cm^3、体积密度 1g/cm^3、熔点 2050℃、沸点 2980℃，不溶于水，可溶于无机酸和碱性溶液。不同结晶结构氧化铝其溶解于酸、碱溶液中的溶解条件、溶解速度及溶解度也不同。α-Al_2O_3 的化学活性小，在电解质中溶解速度慢，对氟化氢气体的吸附能力差，但热导系数低，保温性能好。γ-Al_2O_3 的化学活性大，能较快溶解于电解质中，对氟化氢有较好的吸附能力，但保温性能差。

1.2.2 氧化铝水合物的分类

氧化铝水合物是由 Al^{3+}、OH^-、O^{2-} 构成的化合物，即 Al_2O_3-H_2O 系结晶化合物，其中并不含自由的水分子。氧化铝水合物是人们对该种化合物的俗称。表 1-2 所示为氧化铝水合物的分类与表示符号。

表 1-2 氧化铝水合物的分类与表示符号

组 成	矿物名称	表示符号
Al(OH)$_3$ 或 Al_2O_3·3H_2O	三水铝石	γ-Al(OH)$_3$ 或 γ-Al_2O_3·3H_2O
	拜耳石	—
	诺耳石	—
AlOOH 或 Al_2O_3·H_2O	一水软铝石	γ-AlOOH 或 γ-Al_2O_3·H_2O
	一水硬铝石	α-AlOOH 或 α-Al_2O_3·H_2O
Al_2O_3·nH_2O	拟薄水铝石	Al_2O_3·nH_2O (n=1.4~2.0)
	无定形铝胶	Al_2O_3·nH_2O (n=3~5)

Al_2O_3-H_2O 系结晶化合物在自然界中以下列矿物形态存在：三水铝石、一水软铝石、一水硬铝石，它们都可以用人工方法制得。拜耳石在自然界极为稀少，仅发现于个别的三水铝石型铝土矿中；诺耳石也只发现于个别的铝土矿和黏土矿中；两者都能由人工合成。三水铝石、拜耳石和诺耳石是 Al(OH)$_3$ 或 Al_2O_3·3H_2O 的同素异形体，一水软铝石和一水硬铝石则是 AlOOH 或 Al_2O_3·H_2O 的同素异形体，它们的结晶构造与物理化学性质都不相同。Al_2O_3-H_2O 系化合物还有一种类型称为铝胶，为结晶水不完善的氧化铝水合物，根据其所含结晶水的数目不同，铝胶可分为拟薄水铝石和无定形铝胶两种。

目前作为生产氧化铝的主要原料是以三水铝石、一水硬铝石及一水软铝石等形态存在的各类铝土矿。不同类型的铝土矿与氧化铝生产工艺流程的选择和技术条件的控制有着紧密关系，所以对不同形态氧化铝水合物的性质应该有充分的了解。

1.2.3　氧化铝水合物的性质

1.2.3.1　物理性质

氧化铝水合物由于结构不同，而有不同的物理性质。其折光率、密度和硬度是按下列次序增加：三水铝石<一水软铝石<一水硬铝石。氧化铝水合物的物理性质见表1-3。

表1-3　氧化铝水合物的物理性质

物理性质	矿 物 名 称			
	三水铝石	一水软铝石	一水硬铝石	刚玉
相对密度	2.42	3.01	3.44	4.02
莫氏硬度	2.5~3.5	3.5~4.0	6.5~7.0	9.0
折光率（平均值）	1.57	1.66	1.72	1.77

1.2.3.2　化学性质

氧化铝水合物不溶于水，但可溶于酸和碱溶液，是典型的两性化合物，它的碱性和酸性都很弱。酸法生产氧化铝就是用硫酸、盐酸或硝酸等无机酸分解铝矿石，得到相应的铝盐溶液，然后再得到氢氧化铝或者氧化铝。碱法生产氧化铝就是用氢氧化钠等碱金属氢氧化物溶解铝矿石而得到铝酸钠溶液，或者用铝矿石与碳酸钠在高温下烧结生成可溶性的铝酸钠，然后再得到氢氧化铝或者氧化铝。氧化铝水合物溶解于强酸和强碱时所生成的铝盐较为稳定，在工业控制条件下能够满足生产要求，所以工业上的酸法和碱法生产氧化铝就是利用了这种性质。

不同形态的氧化铝水合物在碱和酸溶液中的溶解速度及溶解度是不同的。拜耳石与三水铝石最易溶解，一水软铝石次之，一水硬铝石特别是刚玉则很难溶解。因此在碱法生产氧化铝时，铝土矿中氧化铝的存在形态就决定了溶出条件，进而在一定程度上影响到能耗、生产成本等指标。另外，由于电解铝生产对作为原料的氧化铝有化学活性方面的要求，氢氧化铝的焙烧条件同样也很重要，在低温焙烧的条件下会得到化学活性好的 $\gamma\text{-}Al_2O_3$，在高温焙烧的条件下会得到化学活性差的 $\alpha\text{-}Al_2O_3$。因此，在氧化铝生产中要充分注意到不同形态氧化铝水合物的物理、化学性质的不同，根据铝土矿资源情况和下游产业的要求控制氧化铝生产的工艺技术条件。

1.2.4　电解炼铝对氧化铝的质量要求

氧化铝总产量的90%以上是作为电解铝生产的原料，氧化铝生产的技术条件要根据电解炼铝生产对氧化铝的化学纯度和物理性质上的要求来进行控制。

1.2.4.1　化学纯度的要求

工业氧化铝中通常含有少量的杂质，如 SiO_2、Fe_2O_3、TiO_2、Na_2O、CaO 和水分等。

在电解过程中，电位正于铝元素的氧化物杂质（如 SiO_2、Fe_2O_3 和 TiO_2 等）会被铝还原，还原出来的 Si、Fe 和 Ti 进入铝液内，从而使铝的纯度降低；而电位负于铝元素的氧化物（如 Na_2O 和 CaO 等）会分解冰晶石，使电解质成分发生改变并增加氟化盐消耗量；水分同样会与冰晶石发生反应，生成氟化钠、氟化氢，造成电解质相对分子质量比变化，增加氟化铝的消耗，同时产生有害气体氟化氢，污染环境。所以电解铝工业对于冶金级氧化铝的纯度提出了严格的要求。

我国氧化铝的质量标准见表1-4。

表 1-4　我国氧化铝的质量标准（GB 8178—1987）

等 级	化学成分/%				
	$w(Al_2O_3)$	杂 质			
		$w(SiO_2)$	$w(Fe_2O_3)$	$w(Na_2O)$	$w(灼减)$
一级	≥98.6	≤0.02	≤0.03	≤0.55	≤0.8
二级	≥98.5	≤0.04	≤0.04	≤0.60	≤0.8
三级	≥98.4	≤0.06	≤0.04	≤0.65	≤0.8
四级	≥98.3	≤0.08	≤0.05	≤0.70	≤0.8
五级	≥98.2	≤0.10	≤0.05	≤0.70	≤1.0
六级	≥97.8	≤0.15	≤0.06	≤0.70	≤1.2

1.2.4.2　物理性质的要求

用于表征氧化铝物理性质的指标有安息角、灼减、$\alpha\text{-}Al_2O_3$ 含量、堆积密度、比表面积、粒度、$-44\mu m$ 粒级含量和磨损系数等。

（1）安息角：氧化铝在光滑平面上自然堆积的倾角，表示氧化铝流动性能好坏的指标。安息角越大，氧化铝的流动性越差；安息角越小，氧化铝流动性越好。

（2）灼减：氧化铝在一定温度下进行烘干灼烧，烘干灼烧后所减少的质量占物料烘干前总质量的百分数，通常代表了残存在氧化铝中自由水的含量。

（3）$\alpha\text{-}Al_2O_3$ 含量：氧化铝中 $\alpha\text{-}Al_2O_3$ 含量反映了氧化铝焙烧程度，焙烧程度越高，$\alpha\text{-}Al_2O_3$ 含量越多，氧化铝的化学活性和吸附能力降低，保温性能提高。

（4）堆积密度：又称为体积密度，是指在自然状态下单位体积氧化铝物料的质量。通常堆积密度小的氧化铝有利于在电解质中溶解。

（5）比表面积：是指单位质量氧化铝物料的外表面积与内孔表面积之和的总表面积，是表示氧化铝化学活性的指标。比表面积越大，氧化铝的化学活性越好，越易溶解，但易吸湿；比表面积越小，氧化铝的化学活性越差，越不易溶解。

（6）粒度：通常是指与物料颗粒等效球体的直径，表示了氧化铝颗粒的粗细程度。氧化铝的粒度必须适当，过粗在电解质中溶解速度慢，甚至沉淀；过细则容易飞扬损失。我们通常使用的粒度为平均粒度，即对样本内的颗粒粒度取平均值，该值代表了物料整体粒度水平。

（7）$-44\mu m$ 粒级含量：是指氧化铝颗粒直径小于 $44\mu m$ 的粒级所占整体物料的百分数，反映了物料粒度的分布情况。

（8）磨损系数：是指氧化铝在载流流化床中循环 15min 试验后，试样中小于 $44\mu m$ 粒级含量改变的百分数,是表征氧化铝强度的一项物理指标。

氧化铝的物理性质取决于其晶型、粒度、形状和强度。电解炼铝对氧化铝物理性质的要求是:

(1) 氧化铝在冰晶石电解质中的溶解速度要快。

(2) 输送加料过程中,氧化铝飞扬损失要小,以降低氧化铝单耗指标。

(3) 氧化铝能在阳极表面覆盖良好,减少阳极氧化。

(4) 氧化铝应具有良好的保温性能,减少电解槽热量损失。

(5) 氧化铝应具有较好的化学活性和吸附能力来吸附电解槽烟气中的氟化氢气体。

氧化铝根据其物理性质分为砂状氧化铝、面粉状氧化铝和中间状氧化铝。砂状氧化铝呈球状,颗粒粗,强度高,安息角小,γ-Al_2O_3 含量较高,α-Al_2O_3 含量较低,具有较大的化学活性和流动性,适于风动输送、自动下料的电解槽使用,以及在干法气体净化中作为氟化氢气体的吸附剂,能很好满足电解炼铝对氧化铝物理性质的要求。面粉状氧化铝呈片状和羽毛状,颗粒较细,强度差,安息角大,γ-Al_2O_3 含量较低,α-Al_2O_3 含量高,通常达到 80% 以上,表面粗糙,流动性差,但具有较好的保温性能。中间状氧化铝的物理性能介于砂状和面粉状氧化铝之间。

因为砂状氧化铝从纯度、晶型、粒度、形状和强度等方面都能很好地满足铝电解生产对原料氧化铝的要求,所以目前砂状氧化铝已成为氧化铝生产的主要产品。

不同类型氧化铝的物理性质见表 1-5。

表 1-5 不同类型氧化铝的物理性质

物 理 性 质	氧化铝类型		
	砂状	面粉状	中间状
安息角/(°)	30~35	40~45	35~40
灼减/%	1.0	0.5	0.5
α-Al_2O_3/%	25~35	80~95	40~50
堆积密度/g·cm^{-3}	>0.85	0.95	>0.85
比表面积/m^2·g^{-1}	>35	2~10	>35
平均粒度/μm	80~100	50	50~80
-44μm 的粒级含量/%	10	20~50	10~20

1.3　铝　土　矿

铝元素在自然界中分布极广,地壳中铝的含量约为 7.3%,仅次于氧和硅,居第三位。而在各种金属元素中,铝的含量居首位。铝的化学性质活泼,在自然界仅以化合物状态存在。地壳中含铝矿物总计有 250 多种,其中主要的是铝硅酸盐化合物,如高岭土、霞石、云母、黏土、铝土矿等。目前,铝土矿是氧化铝生产最主要的矿物资源,世界上 98% 以上的氧化铝出自铝土矿,现在世界上只有俄罗斯有以霞石等为原料生产氧化铝的工厂。

图 1-1 所示为国内某氧化铝厂的铝土矿。

图 1-1 国内某氧化铝厂的铝土矿

1.3.1 我国铝土矿资源的特点

根据我国国土资源部公布的资料，截至 2006 年底，全国保有资源储量的矿区 368 处，主要分布在 7 个省（市、自治区），保有资源储量 27.76 亿吨，其中基础储量 7.42 亿吨，在世界上排第 7 位。目前，铝土矿是氧化铝生产工业最主要的矿物资源，与许多常用金属面临资源枯竭的威胁相反，铝土矿储量是逐年增长的，但高品位的优质铝土矿资源却面临逐渐枯竭。

我国铝土矿资源主要分布在山西、河南、广西、贵州等 4 省（自治区），其中山西占 35.91%、河南占 20.61%、广西占 18.37%、贵州占 15.39%。另外，重庆、山东、云南、河北、四川、海南等 15 个省（市、自治区）也有一定的资源储量，但其总量仅约占全国的 9%。

我国铝土矿以沉积型一水硬铝石型铝土矿为主，铝硅比相对较低。2006 年我国 27 亿吨的铝土矿资源中，铝硅比小于 5 的矿量占总量的近 30%，铝硅比为 5~7 的矿量占总量的近 40%。

1.3.2 铝土矿的化学组成

铝土矿是一种以氧化铝水合物为主的成分复杂的矿石，其中氧化铝含量变化较大，通常在 40%~70%。除氧化铝外，铝土矿中所含杂质主要是二氧化硅、氧化铁和二氧化钛；此外，还含有少量或微量的钙、镁、钾、钠、钒、铬、锌、磷、镓、钪、硫等元素的化合物及有机物等。镓在铝土矿中含量虽少，但在氧化铝生产过程中会逐渐在分解母液中累积，从而可以有效地从母液中回收金属镓。

国内某氧化铝厂的铝土矿成分见表 1-6。

表 1-6 国内某氧化铝厂的铝土矿成分 （%）

进厂铝土矿	$w(Al_2O_3)$	$w(SiO_2)$	$w(Fe_2O_3)$	$w(TiO_2)$	$w(CaO)$	含水率	含泥率
矿山 1	54.9	5.96	20.85	1.82	1.2	11.98	7.29
矿山 2	55.72	5.85	17.42	2.14	1.18	11.61	11.38
矿山 3	51.85	11.42	15.05	3.53	1.4	8.64	—

1.3.3　铝土矿的矿物类型

铝土矿中的铝元素是以氧化铝水合物的状态存在。根据铝土矿中所含氧化铝水合物的类型不同，把铝土矿分成三水铝石型、一水软铝石型、一水硬铝石型和混合型铝土矿四类。不同类型铝土矿的物理和化学性质不同，其在碱液中的溶解难度、密度和硬度按照下列顺序增加：三水铝石型<一水软铝石型<一水硬铝石型。采用不同类型的铝土矿作原料，则氧化铝生产工艺的选择和技术条件的控制是不同的，所以对铝土矿类型的鉴定有着重大意义。

1.3.4　铝土矿的质量标准

铝土矿的质量主要取决于其中氧化铝存在的矿物形态和有害杂质的含量，不同类型的铝土矿其拜耳法溶出性能差别很大。判断铝土矿质量的指标通常包括铝土矿的氧化铝含量、铝土矿的二氧化硅含量、铝土矿的矿物类型三项。

（1）铝土矿的氧化铝含量：矿石中氧化铝含量越高，氧化铝生产过程的矿耗越低，对氧化铝生产越有利。

（2）铝土矿的二氧化硅含量：二氧化硅是碱法生产氧化铝危害最大的杂质，它是氧化铝生产中引起碱和氧化铝损失的主要来源。通常用铝硅比来体现铝土矿中二氧化硅的含量，它是衡量铝土矿品质的一个重要指标。铝硅比是指铝土矿中氧化铝与二氧化硅的质量之比，一般用 A/S 表示。A/S 越高，矿石的质量越好。工业生产中，拜耳法 A/S 通常要求不低于7，碱-石灰烧结法通常要求 A/S 不低于3.5。

（3）铝土矿的矿物类型：铝土矿的矿物类型对铝土矿的拜耳法溶出性能影响很大。其中，三水铝石型铝土矿中的氧化铝最容易被苛性碱溶液溶出，一水软铝石型铝土矿次之，而一水硬铝石型铝土矿的溶出则较难。另外，铝土矿类型对溶出以后各湿法处理工序的技术经济指标也有一定影响。因此，铝土矿类型与氧化铝生产的技术经济指标密切相关。然而铝土矿的类型对于采用烧结法工艺生产氧化铝来说则意义不大。

1.4　氧化铝生产方法的介绍

氧化铝是一种两性化合物，可以用碱或酸从铝土矿中把氧化铝与其他杂质分离出来而得到纯净的氧化铝。另外，还可以用电炉熔炼的方法得到高品位的氧化铝渣，再进行碱法或酸法处理生产氧化铝。目前，已经提出的生产氧化铝的方法大致可分为碱法、酸法、酸碱联合法和电热法等几种，工业上得到应用的只有碱法。碱法生产氧化铝工艺按生产过程的特点又分为拜耳法、烧结法和联合法（包括并联、串联、混联联合法）等多种流程。本书重点介绍拜耳法生产氧化铝。

碱法生产氧化铝，就是用碱（NaOH 或 Na_2CO_3）处理铝土矿，使铝土矿中的氧化铝水合物和碱反应生成铝酸钠溶液。铝土矿中的硅、铁、钛等杂质则生成不溶性的化合物进入固体残渣中，这种残渣被称为赤泥。铝酸钠溶液与赤泥分离、净化后，再分解析出 $Al(OH)_3$。将 $Al(OH)_3$ 与碱液分离、洗涤后焙烧脱水，就能获得产品 Al_2O_3。

氧化铝生产中为了方便，常用一些通用符号表示化学成分，主要为：A 或 AO 表示

Al_2O_3、N 表示 Na_2O、F 表示 Fe_2O_3、S 表示 SiO_2、C 表示 CaO、T 表示 TiO_2、AH 表示 $Al(OH)_3$。有时，也可以用这些简易符号来表示对应组分的含量。

1.5 铝酸钠溶液的性质

碱法生产氧化铝都是通过不同途径使氧化铝从铝土矿中溶出成为铝酸钠溶液，而杂质进入赤泥中，铝酸钠溶液经过净化、分解后析出氢氧化铝，而氢氧化铝通过加热焙烧脱水得到产品氧化铝。因此，碱法生产氧化铝的实质就是铝酸钠溶液的制备、净化和分解过程，铝酸钠溶液是碱法生产氧化铝过程中的重要中间产物，掌握铝酸钠溶液的基本特性具有重要意义。

1.5.1 铝酸钠的概念

固态的铝酸钠又称为偏铝酸钠，化学式可表示为 $NaAlO_2$ 或 $Na_2O \cdot Al_2O_3$。铝酸钠可溶于水或稀碱溶液而形成铝酸钠溶液，其中铝酸钠会结合结晶水，其常用化学式可表示为 $NaAl(OH)_4$，也可以写成 $NaAlO_2 \cdot 2H_2O$、$Na_2O \cdot Al_2O_3 \cdot 4H_2O$、$NaOH \cdot Al(OH)_3$ 等形式。铝酸钠溶液是离子溶液，解离为铝酸根离子和钠离子，铝酸根离子在中等浓度以下的溶液中主要为 $Al(OH)^{4-}$ 离子，在较浓溶液中为 AlO^{2-} 离子。

1.5.2 工业中碱的类型及符号

工业铝酸钠溶液中有以 $NaAl(OH)_4$ 分子形式存在的 Na_2O，也有以 NaOH 分子形式存在的游离 Na_2O，另外还有以 Na_2CO_3 分子形式存在的 Na_2O 和以 Na_2SO_4 分子形式存在的 Na_2O，以这些分子形式存在的 Na_2O 在工业上都有各自的名称。

(1) 苛性碱：是指以 $NaAl(OH)_4$ 分子和 NaOH 分子等形式存在的 Na_2O，用符号 $Na_2O_苛$、Na_2O_K 或 N_K 表示。

(2) 碳酸碱：又称为碳碱，是指以 Na_2CO_3 分子形式存在的 Na_2O，用符号 $Na_2O_碳$、Na_2O_C 或 N_C 表示。

(3) 硫酸碱：是指以 Na_2SO_4 分子形式存在的 Na_2O，用符号 $Na_2O_硫$、Na_2O_S 或 N_S 表示。

(4) 全碱：是指以苛性碱和碳酸碱状态存在的 Na_2O 的总和，用符号 $Na_2O_全$、Na_2O_T 或 N_T 表示，即 $N_T = N_K + N_C$。

工业中碱的类型及符号汇总见表 1-7。

表 1-7 工业中碱的类型及符号

碱的类型	Na_2O 存在形式	碱的表示符号	浓度表示符号
苛性碱	$NaAl(OH)_4$ 和 NaOH 分子	$Na_2O_苛$、Na_2O_K、N_K	N_K
碳酸碱	Na_2CO_3 分子	$Na_2O_碳$、Na_2O_C、N_C	N_C
硫酸碱	Na_2SO_4 分子	$Na_2O_硫$、Na_2O_S、N_S	N_S
全碱	苛性碱和碳酸碱	$Na_2O_全$、Na_2O_T、N_T	$N_T = N_K + N_C$

1.5.3　铝酸钠溶液浓度的表示方法

生产中，铝酸钠溶液包含了铝酸钠、氢氧化钠和水，它存在于拜耳法生产氧化铝过程中的各个环节，可以是用于溶出铝土矿中氧化铝的循环母液，也可以是晶种分解得到的分解母液。纯的铝酸钠溶液可认为是氧化铝溶解在苛性碱溶液中，可以看作 Na_2O_K-Al_2O_3-H_2O 三元系，即可将铝酸钠溶液中 Na_2O_K、Al_2O_3 视为溶质，H_2O 视为溶剂。在工业上铝酸钠溶液的浓度一般以氧化铝和苛性碱的质量浓度表示，例如：$\rho(A) = 50g/L$、$\rho(N_K) = 150g/L$ 或 $A = 50g/L$、$N_K = 150g/L$。

1.5.4　铝酸钠溶液的苛性比

铝酸钠溶液中的 Na_2O_K 与 Al_2O_3 浓度的比值是表示铝酸钠溶液的一个重要特性参数，也是氧化铝生产中的一项重要技术指标。对于这一比值，各国有不同的表示方法。比较普遍的是采用铝酸钠溶液中的 Na_2O_K 与 Al_2O_3 摩尔数之比来表示，习惯上称为苛性比值，符号为 α_K，我国沿用此用法，有时也称为铝酸钠溶液的分子比，以 MR 表示。苛性比的定义公式：

$$\alpha_K = \frac{溶液中Na_2O_K 的摩尔数}{溶液中Al_2O_3 的摩尔数} = \frac{n(N_K)}{n(A)} \tag{1-1}$$

苛性比常用的计算公式：

$$\alpha_K = \frac{\rho(N_K)}{\rho(A)} \times \frac{102}{62} = \frac{\rho(N_K)}{\rho(A)} \times 1.645 \tag{1-2}$$

式中　$n(N_K)$，$n(A)$——铝酸钠溶液中 Na_2O_K 和 Al_2O_3 的物质的量，mol；

　　　　$\rho(N_K)$——铝酸钠溶液中 Na_2O_K 的质量浓度，g/L；

　　　　$\rho(A)$——铝酸钠溶液中 Al_2O_3 的质量浓度，g/L；

　　　　62，102——分别为 Na_2O_K 和 Al_2O_3 的摩尔质量，g/mol。

例如，已知铝酸钠溶液中 Na_2O_K 浓度为 135g/L，Al_2O_3 浓度为 130g/L，则该溶液的苛性比为：

$$\alpha_K = \frac{\rho(N_K)}{\rho(A)} \times 1.645 = \frac{135}{130} \times 1.645 = 1.708$$

1.5.5　铝酸钠溶液的硅量指数

纯的铝酸钠溶液通常只包含 Al_2O_3、Na_2O_K 和 H_2O 三种物质，而不含有 SiO_2。但在实际生产中，少量的 SiO_2 会以杂质的形式存在于铝酸钠溶液中。铝酸钠溶液的硅量指数是指溶液中所含 Al_2O_3 与 SiO_2 质量的比值，通常以两者质量浓度的比值计算得出：

$$硅量指数 = \frac{\rho(A)}{\rho(S)} \tag{1-3}$$

式中，$\rho(A)$，$\rho(S)$ 为铝酸钠溶液中 Al_2O_3 与 SiO_2 的质量浓度，g/L。

硅量指数是衡量铝酸钠溶液和纯度的一个极为重要的指标。硅量指数越高，则铝酸钠溶液中二氧化硅含量越低，纯度越高，析出的氢氧化铝杂质含量就会越少；反之亦然。

1.5.6 铝酸钠溶液的碳碱比

在拜耳法生产氧化铝中，苛性碱是对溶出有效的碱，而碳酸碱是无效的碱，因此生产中需要在蒸发之后对析出的碳酸碱进行苛化处理。铝酸钠溶液的碳碱比是指溶液中所含碳酸碱占全碱的百分含量，是用来衡量碱循环过程中碳酸碱含量的重要指标，计算公式为：

$$碳碱比 = \frac{\rho(N_C)}{\rho(N_T)} \times 100\% \tag{1-4}$$

例如，表 1-8 给出了某氧化铝厂一洗溢流和精液的检测数据，根据所给已知条件可以计算出溶液的苛性比值、硅量指数和碳碱比。

表 1-8 某氧化铝厂液相样的检测数据

样品	$N_T/g \cdot L^{-1}$	$N_K/g \cdot L^{-1}$	$A/g \cdot L^{-1}$	α_K	固体含量/$g \cdot L^{-1}$	$S/g \cdot L^{-1}$	硅量指数	碳碱比/%
一洗溢流	56.7	52	52.79	1.620	0.0340	—	—	8.29
精液	191.4	174	193.41	1.480	0.0025	0.638	303.15	9.09

1.5.7 Na₂O-Al₂O₃-H₂O 系相图

通过研究多相体系的状态如何随浓度、温度、压力等条件的改变而发生变化，并用图形表示体系状态的变化，这种图形就是相图。相图是研究相平衡的一般方法，对于铝酸钠溶液体系而言，人们通过了解、掌握氧化铝在氢氧化钠溶液中的溶解度与溶液浓度和温度的关系，以及不同条件下的平衡固相，从而可得到在生产氧化铝过程中所需要的部分技术参数及其可能的取值范围等，以指导实际的生产过程。Na₂O-Al₂O₃-H₂O 系相图是碱法生产氧化铝的重要理论基础。

在不同的条件下，通过实验测定可得出一系列浓度不同的氢氧化钠溶液中的氧化铝溶解度，并且分析出与溶液保持平衡的固相的化学成分和物相组成，就得到了绘制 Na₂O-Al₂O₃-H₂O 系平衡状态图的基础数据。通常以一定温度下的氧化铝溶解度与苛性碱浓度关系的直角坐标图来表示，纵坐标轴表示氧化铝浓度，横坐标轴表示苛性碱浓度；过坐标原点的任一直线都为等 α_K 线，即在此线上任一点溶液的 α_K 值都相等，且为直线斜率的1.645 倍。

1.5.7.1 30℃下的 Na₂O-Al₂O₃-H₂O 系相图

图 1-2 为 Na₂O-Al₂O₃-H₂O 系在 30℃时的等温截面，图中 OBCD 曲线是依次连接各个平衡溶液的组成点得出的，它就是氧化铝在 30℃下的苛性碱溶液中的平衡溶解度等温曲线，又称等温溶解度曲线。图中的等温溶解度曲线可以认为是由 OB、BC 和 CD 三段组成，各线段上的溶液分别和某一固相保持平衡，自由度为 1，B 和 C 是两个无变量点，表示其溶液同时和某两个固相保持平衡，自由度为 0。

对于 30℃下 Na₂O-Al₂O₃-H₂O 系的试验研究证明，与 OB 线上的溶液成平衡的固相是三水铝石，所以 OB 线是三水铝石在苛性碱溶液中的溶解度曲线。它表明，随着苛性碱溶液浓度的增加，三水铝石在其中的溶解度越来越大。

BC 线段是水合铝酸钠 Na₂O·Al₂O₃·2.5H₂O 在苛性碱溶液中的溶解度曲线，B 点上

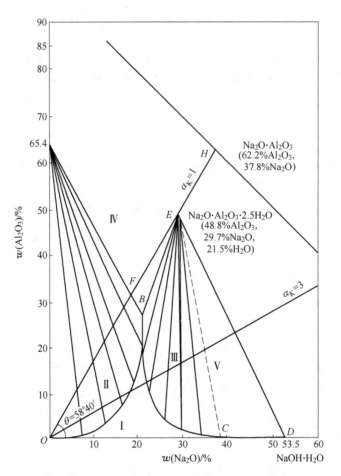

图 1-2　30℃下 $Na_2O-Al_2O_3-H_2O$ 系平衡状态图

M——水铝石；T——三水铝石

的溶液同时与三水铝石和水合铝酸钠保持平衡。水合铝酸钠在苛性碱溶液中的溶解度随溶液中 Na_2O_K 浓度的增加而降低。

CD 线是 $NaOH \cdot H_2O$ 在铝酸钠溶液中的溶解度曲线。C 点的平衡固相是水合铝酸钠和一水氢氧化钠，D 点是 $NaOH \cdot H_2O$（53.5% Na_2O 和 46.5% H_2O）的组成点。

E 点是 $Na_2O \cdot Al_2O_3 \cdot 2.5H_2O$ 的组成点，其成分是 48.8% Al_2O_3、29.7% Na_2O 和 21.5% H_2O。在 DE 线上及其右上方皆为固相区，不存在液相。

图 1-2 中 OE 连线上任一点的苛性比都等于 1。实际的铝酸钠溶液苛性比是没有小于 1 或者等于 1 的。所以铝酸钠溶液的组成点都应位于 OE 连线的右下方，即只可能存在于 $OEDO$ 区域范围内。

为了分析 30℃下的 $Na_2O-Al_2O_3-H_2O$ 系相图的特征，可以将 $OEDO$ 区域分为 5 个部分来讨论。

在溶解度等温线下方 $OBCO$ 区域（Ⅰ区）的溶液，对于氢氧化铝和水合铝酸钠来说，都是未饱和的，它有溶解这两种物质的能力。当其溶解 $Al(OH)_3$ 时，溶液的组成将沿着原溶液的组成点与 T 点（$Al_2O_3 \cdot 3H_2O$，含 65.4% Al_2O_3、34.6% H_2O）的连线变化，直

到连线与 *OB* 线的交点为止，即这时溶液已达到平衡浓度。原溶液组成点离 *OB* 线越远，其未饱和程度越大，能够溶解的 Al(OH)₃ 数量越多。当其溶解固体铝酸钠时，溶液的组成沿着原溶液组成点与 *E* 点（如果是无水铝酸钠则是 *H* 点）的连线变化，直到连线与 *BC* 线的交点为止。

OBFO 区（Ⅱ区）内的溶液是 Al(OH)₃ 过饱和的铝酸钠溶液，可以分解析出三水铝石结晶。在分解过程中，溶液组成沿原溶液组成点与 *T* 点的连线变化，直到与 *OB* 线的交点为止，这时溶液达到平衡浓度，不再析出三水铝石晶体。原溶液组成点离 *OB* 线越远，其过饱和程度越大，能够析出的三水铝石数量越多。

BCEB 区（Ⅲ区）内的溶液是水合铝酸钠过饱和的铝酸钠溶液，水合铝酸钠会结晶析出，在析出过程中溶液组成点沿着原溶液组成点与 *E* 点的连线变化，直到与 *BC* 线的交点为止。

BETB 区（Ⅳ区）内的溶液是氢氧化铝和水合铝酸钠同时过饱和的溶液，会同时析出三水铝石和水合铝酸钠结晶。在此过程中溶液组成沿着原溶液组成点与 *B* 点的连线变化，直到 *B* 点的组成为止。两种物质析出的相对比例，可以根据上述连线与 *ET* 线的交点按杠杆原理确定。

CDEC 区（Ⅴ区）内的溶液是水合铝酸钠和一水氢氧化钠同时过饱和的溶液，可同时析出这两种物质的结晶。在结晶过程中，溶液的组成点沿原溶液组成点与 *C* 点的连线变化，直到 *C* 点的组成为止，这两种结晶析出的相对数量也可按杠杆原理确定。

30℃下 Na₂O-Al₂O₃-H₂O 系相图的这些特征也反映在其他温度下的状态图中。在氧化铝生产中，铝酸钠溶液的组成总是位于状态图的Ⅰ、Ⅱ区域内。

1.5.7.2 各温度下的 Na_2O-Al_2O_3-H_2O 系相图

有许多研究者曾对各种温度下的 Na_2O-Al_2O_3-H_2O 系的相平衡情况进行研究，得到的结果大同小异。根据某些测定结果绘出的 Na_2O-Al_2O_3-H_2O 系的等温溶解度曲线如图 1-3 所示。

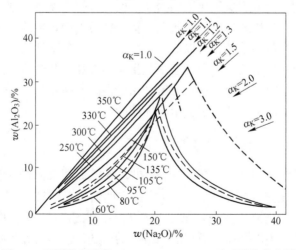

图 1-3 不同温度下的 Na_2O-Al_2O_3-H_2O 三元系平衡状态图

各个温度下的等温溶解度曲线都包括两段，这两段的交点为该温度下溶解度的最大点。这说明在不同温度下，氧化铝的溶解度都是随溶液中苛性碱浓度的增加而增大，但当苛性碱浓度超过某一极限后，氧化铝的溶解度反而随溶液中苛性碱浓度的增加而下降，这是由于与溶液平衡的固相成分发生改变的结果。图1-3中溶解度等温线的左侧线段所对应的平衡固相为三水铝石（或一水铝石），而溶解等温线的右侧线段所对应的平衡固相为含水铝酸钠（或无水铝酸钠等不同固相）。

随温度的升高，氧化铝溶解度等温线的曲率逐渐减小，即越来越直，在250℃以上时曲线几乎成为直线，且两条溶解度等温线所构成的夹角逐渐增大，从而使溶液的未饱和区扩大，溶液溶解固相的能力增大。同时溶解度的最大点随温度升高向较高的 Na_2O_K 浓度和较高的 Al_2O_3 浓度方向推移。温度降低则相反。所以，温度升高，溶液的未饱和区扩大，有利于氧化铝溶解度的增加，使溶液能溶解更多的氧化铝；温度降低，溶液的过饱和区扩大，有利于氧化铝溶解度的降低，使溶液能分解析出更多的氧化铝。

拜耳法生产氧化铝就是根据 $Na_2O-Al_2O_3-H_2O$ 系溶解度等温线的上述特点，利用高浓度苛性碱溶液在高温下溶出铝土矿中的氧化铝，然后再经冷却和稀释使氢氧化铝过饱和而结晶析出。

在氧化铝生产中，分解析出的产物为三水铝石，而实际上图1-3中溶解度等温线的左侧线段所对应的平衡固相除了三水铝石外，还有一水铝石，这是因为随着温度的不同，溶液所对应的平衡固相发生了变化。溶解度等温线的左侧线段所对应的平衡固相在75℃下为三水铝石，在75~100℃变为三水铝石和一水铝石（低碱浓度为三水铝石，高碱浓度为一水铝石），在100℃以上为一水铝石，在330℃以上为一水铝石和刚玉。

1.5.8　铝酸钠溶液的稳定性及影响因素

作为氧化铝生产过程中的中间产物，铝酸钠溶液从溶出制成到分解析出氢氧化铝要经过稀释、赤泥沉降分离、洗涤和叶滤精制等多道工序，在此期间由于浓度和温度降低，铝酸钠溶液呈过饱和状态，因此要尽量保持铝酸钠溶液的稳定性，避免铝酸钠溶液大量分解析出氢氧化铝；否则，会造成氢氧化铝的损失。而到分解工序时，则要降低铝酸钠溶液的稳定性，使铝酸钠溶液较快地析出氢氧化铝。铝酸钠溶液稳定性的影响因素决定了氧化铝生产过程中主要技术参数的选择，所以研究铝酸钠溶液的稳定性，对于氧化铝生产过程具有重要意义。所谓铝酸钠溶液的稳定性通常是指从过饱和铝酸钠溶液溶出制成到开始分解析出氢氧化铝所需要的时间长短，这种分解开始所需的时间称为"诱导期"。

下面介绍铝酸钠溶液稳定性的主要影响因素。

1.5.8.1　铝酸钠溶液苛性比值的影响

在其他条件相同时，铝酸钠溶液的 α_K 减小，其过饱和度升高，溶液的稳定性减小；随着溶液 α_K 增大，其过饱和度降低，溶液的稳定性增大，溶液分解诱导期也相应延长。根据对铝酸钠溶液的理论分析及测定结果，常温下，当铝酸钠溶液的 α_K 值在1左右时，铝酸钠溶液极不稳定，不能存在；当铝酸钠溶液的 α_K 值在1.4~1.8时，在工业生产条件下，铝酸钠溶液能稳定存在于生产过程中，不会大量分解析出氢氧化铝；当铝酸钠溶液的 α_K 值大于3时，铝酸钠溶液极为稳定，不会析出氢氧化铝，并且还能继续溶解氧化铝。铝酸钠溶液在不同 α_K 值条件下的稳定状态决定了氧化铝生产中不同工序应采取的 α_K 值，所以 α_K 值是氧化铝生产中主要的生产技术指标。

例如，拜耳法溶出开始时为了增大铝酸钠溶液的稳定性，而能溶解更多的氧化铝，则需要提高的溶液 α_K 值，通常 $\alpha_K > 2.5$；晶种分解开始时为了降低铝酸钠溶液的稳定性，而能析出更多的氢氧化铝，则需要降低的溶液 α_K 值，通常 $\alpha_K < 1.4$。

1.5.8.2 温度的影响

提高温度会使铝酸钠溶液中氧化铝平衡浓度增加，使铝酸钠溶液过饱和度降低，稳定性增强，不容易分解析出氢氧化铝；而降低温度使铝酸钠溶液中氧化铝平衡浓度降低，使铝酸钠溶液过饱和度增加，稳定性降低，容易分解析出氢氧化铝。因此在拜耳法生产氧化铝时，溶出的铝酸钠溶液在稀释、赤泥沉降分离、洗涤、精制等工序中要保持较高的温度，以增加铝酸钠溶液的稳定性；在晶种分解工序，则要采取热交换措施来降低温度，降低溶液的稳定性，使铝酸钠溶液较快地分解析出氢氧化铝。

例如，拜耳法溶出一水硬铝石时，溶液温度需要达到240℃以上；在稀释、赤泥沉降分离、洗涤和精制等工序中，溶液温度通常要维持在100℃左右；而在晶种分解工序中，溶液温度通常要降至60~45℃。

1.5.8.3 铝酸钠溶液浓度的影响

在溶出过程中，为了增大氧化铝在苛性碱溶液中的溶解度，增加进入溶液中氧化铝的量，需尽可能增大溶液苛性碱浓度。所以为保证溶出用溶液浓度合适，工业上在分解后设有一个蒸发工序，对分解母液进行蒸发浓缩，并补加苛性碱，以得到高浓度循环母液。

铝酸钠溶液浓度大小会对拜耳法生产氧化铝过程中的赤泥沉降和晶种分解工序产生影响。铝酸钠溶液的浓度过大，溶液的黏度增大，使晶体粒子的扩散受到阻碍，溶液的稳定性增强，导致氢氧化铝晶体析出速度慢，并且不容易长成大颗粒；而铝酸钠溶液的浓度过小，又使微小氢氧化铝晶粒之间的接触机会减少，同样使溶液的稳定性增强、导致氢氧化铝晶体析出速度慢，并且也不容易长成大颗粒。因此为保证溶出后的铝酸钠溶液浓度适宜，工业上在溶出后设有一个稀释工序，用赤泥洗液对铝酸钠溶液的浓度进行调整，并回收低浓度的赤泥洗液。

表1-9给出了某氧化铝厂碱循环过程中各液相的苛性碱浓度和苛性比值的检测数据。

表1-9 某氧化铝厂液相试样的检测数据

样 品	$N_K/g \cdot L^{-1}$	α_K
循环母液	243.72	2.96
原矿浆	221.20	2.74
溶出矿浆	268.06	1.39
稀释矿浆	171.05	1.47
精液	171.51	1.49
分解母液	171.79	2.83
蒸发母液	239.37	2.84

1.5.8.4 溶液中所含杂质的影响

杂质不同，对铝酸钠溶液稳定性的影响不同。

（1）使铝酸钠溶液稳定性降低的杂质。普通铝酸钠溶液中含有某些固体杂质，如氢氧化铁和钛酸钠等。极细的氢氧化铁粒子经过胶凝作用长大，结晶成纤铁矿结构，它与一水软铝石极为相似，因而起到了氢氧化铝结晶中心的作用。而钛酸钠是表面极发达的多孔状结构，极易吸附铝酸钠，使其表面附近的溶液苛性比降低，氢氧化铝析出并沉淀于其表面，因而起到结晶种子的作用。这些杂质的存在降低了溶液的稳定性。

（2）使铝酸钠溶液稳定性增高的杂质。工业铝酸钠溶液中溶解的杂质，大多起着稳定溶液的作用，如 SiO_2、Na_2CO_3、Na_2SO_4、Na_2S 以及有机物，这些物质都不同程度地使溶液的稳定性增高。溶液中含有 SiO_2 是促使其稳定性提高的主要原因，可能是它在溶液中形成体积较大的铝硅酸根络合离子，使溶液黏度增大所致。在氧化铝生产过程中，铝酸钠溶液并不与空气隔绝，空气中的二氧化碳会与铝酸钠溶液中的苛性碱发生反应生成碳酸钠。随着生产的循环，碳酸钠会在铝酸钠溶液中逐渐积累，碳酸钠的存在能增大铝酸钠溶液中氧化铝的溶解度，同时导致溶液的黏度增加，因此铝酸钠溶液的稳定性得到增强。铝酸钠溶液中的有机物主要是由铝土矿带进的，工业铝酸钠溶液中有机物的存在，不但能增大溶液的黏度，而且易被晶核吸附，使晶核失去作用，铝酸钠溶液因而表现为较稳定的状态。

1.5.8.5　添加晶种的影响

铝酸钠溶液自发生成晶核的过程非常困难。在生产过程中，为提高生产效率，就必须提高晶种分解速度，而添加氢氧化铝晶种是非常有效的办法之一。添加氢氧化铝晶种后，铝酸钠溶液的分解析出直接在晶种表面进行，而不需要长时间的晶核自发生成过程，所以铝酸钠溶液的分解析出速度提高，稳定性降低。

1.5.8.6　搅拌的影响

对铝酸钠溶液进行搅拌，加强了溶液中粒子的扩散过程，并且会使溶液的浓度均匀，有利于提高分解析出速度，降低溶液的稳定性。另外，当有晶种存在时，搅拌会使晶种悬浮于铝酸钠溶液中，晶种与周围溶液接触充分，也有利于晶种吸附长大过程。因此在晶种分解工序中，需通过适当的搅拌措施，降低铝酸钠溶液的稳定性，加快铝酸钠溶液的分解析出。

1.6　拜耳法的原理和工艺流程

拜耳法是由奥地利化学家拜耳（K. J. Bayer）于 1889~1892 年发明的一种从铝土矿中提取氧化铝的方法。一百多年来在工艺技术方面进行了许多改进，但其基本原理没有发生根本性的变化，拜耳法仍是目前世界上生产氧化铝最主要的方法。

由拜耳发明的拜耳法包括两个主要过程，也就是他申请的两个发明专利。第一个专利的核心是采用氢氧化铝作晶种，使铝酸钠溶液分解析出三水铝石，即晶种分解法。第二个专利系统阐述了可以用氢氧化钠溶液溶出铝土矿中的氧化铝，制成铝酸钠溶液的原理，即铝土矿的拜耳法溶出方法。

目前，采用拜耳法工艺流程生产的氧化铝量占到总产量的 90% 以上，是采用高铝硅比铝土矿作原料的新建氧化铝厂首选的工艺流程。

1.6.1 拜耳法的特点

拜耳法生产氧化铝工艺的优点是：

（1）生产流程简单。

（2）由于流程中没有烧结工序，单位能耗比其他工艺流程低，仅约为 41.49GJ/t。

（3）在生产过程中外加物少，晶种分解为自发分解，杂质析出的数量少，产品氧化铝质量好。

拜耳法生产氧化铝工艺的缺点是：不能处理 A/S 低的铝土矿，通常仅适合处理铝硅比大于 7 的铝土矿，尤其是铝硅比大于 10 的铝土矿。

1.6.2 拜耳法的基本原理

拜耳法的原理就是使以下反应在不同的条件下朝不同的方向交替进行：

$$Al_2O_3 \cdot xH_2O + 2NaOH + aq \underset{\text{分解结晶}}{\overset{\text{溶出}}{\rightleftharpoons}} 2NaAl(OH)_4 + aq \qquad (1-5)$$

当溶出一水铝石和三水铝石时，x 分别等于 1 和 3；当铝酸钠溶液分解时，x 等于 3。首先，在高温、高压条件下以高浓度、高苛性比的苛性碱溶液溶出铝土矿，使其中氧化铝水合物按式（1-5）的反应向右进行得到铝酸钠溶液，而铁、硅、钛等杂质进入赤泥，即为溶出过程。然后，再向经过稀释、沉降分离和精制后的铝酸钠溶液添加氢氧化铝晶种，在不断搅拌和逐渐降温的条件下进行分解，使式（1-5）的反应向左进行而析出氢氧化铝，并得到含大量氢氧化钠的分解母液。分解母液经过蒸发浓缩、调配后返回原料，作为循环母液用于溶出新的一批铝土矿。氢氧化铝经过焙烧脱水后得到产品氧化铝。图 1-4 给出了拜耳法生产氧化铝中各物质的行为和变化过程，该内容将在后面章节中做详细介绍。

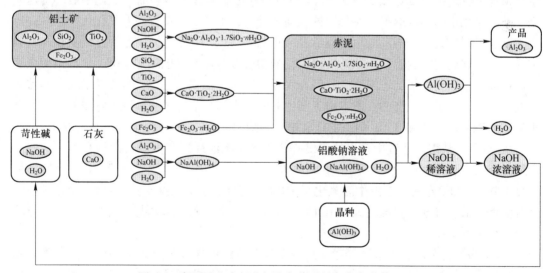

图 1-4　拜耳法生产氧化铝中各物质的行为和变化过程

1.6.3 拜耳法循环

溶出和分解两个过程的交替进行，就能不断地处理铝土矿，得到氢氧化铝产品。理论上，母液中的 Na_2O_K 在整个生产过程中是不被消耗的，可以循环使用，所以生产上将 Na_2O_K 经历一次完整的溶出、稀释、晶种分解及分解母液蒸发过程称为一次拜耳法循环。

图 1-5 所示为处理一水硬铝石型铝土矿的拜耳法循环图。通过对该图分析能够更清晰地理解拜耳法的生产原理。

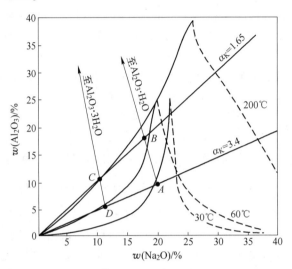

图 1-5　处理一水硬铝石型铝土矿的拜耳法循环图

AB 线段：用来溶出一水硬铝石型铝土矿的循环母液的成分相当于图中 *A* 点，位于 200℃等温线的下方，表明此时循环母液是未饱和的，具有溶解氧化铝水合物的能力。在生产条件下，溶出温度是在 240℃以上，所以循环母液是远未饱和的，氧化铝能够迅速溶出。随着氧化铝的不断溶出，氧化铝浓度随之升高，当不考虑苛性碱及氧化铝由于脱硅等化学反应引起损失时，溶液的组成应沿着 *A* 点与 $Al_2O_3 \cdot H_2O$ 的组成点的连线变化，直到饱和为止。理论上，随着氧化铝的溶出，铝酸钠溶液的苛性比值随之下降，溶出液的最终成分可以一直达到溶解度等温线上。但在实际生产中，如果要达到 240℃等温线上则需要很长的时间，这是不经济的。所以由于溶出时间的限制，溶出过程在距离等温线上平衡点附近的 *B* 点结束。连接 *A*、*B* 两点的线就被称为溶出线。

BC 线段：从溶出装置中排出的溶出矿浆用赤泥洗液稀释，由于苛性碱和氧化铝的浓度同时降低，故稀释过程中溶液的组成由 *B* 点沿着等苛性比值线变化到 *C* 点。稀释时，温度下降到 100℃左右，溶液中的氧化铝浓度由高温时的未饱和转变为低温下的过饱和，并且温度越低，过饱和程度越大，由此可知 *C* 点溶液处于过饱和区域。连接 *B*、*C* 两点的线就被称为稀释线。

CD 线段：向分离赤泥并精制净化后的铝酸钠溶液中加入氢氧化铝晶种，同时采取降温搅拌措施，铝酸钠溶液会不断分解析出氢氧化铝，氧化铝浓度降低，因而溶液的苛性比值上升，溶液组成沿着 *C* 点与 $Al_2O_3 \cdot 3H_2O$ 的组成点的连线变化。如果溶液在分解过程中最后冷却到 50℃，那么分解后的溶液组成在理论上可达到连线与 50℃溶解度等温线的交点。但是由于溶液成分达到 *D* 点以后，继续分解，则分解速度会很慢，析出的氢氧化铝很细且分离过滤困难，所以工业生产上一般分解到苛性比值达到 3.4~4.0 为止。连接

C、D 两点的线就称为晶种分解线。

DA 线段：分离氢氧化铝后的分解母液，经过蒸发浓缩，苛性碱和氧化铝浓度同时提高，故在理论上，蒸发过程中溶液的组成由 D 点沿着等苛性比值线变化到 A 点。但在实际上，由于生产过程中存在苛性碱的化学损失和机械损失，溶液的组成无法回到 A 点，这就需要添加新碱以补充损失的碱，补充新碱后的循环母液成分便回到 A 点。连接 D、A 两点的线就称为蒸发线。

将上述四根线连接起来，就构成了 $ABCD$ 的封闭图形，即拜耳法循环图。它表示着拜耳法生产中利用高苛性碱浓度的循环母液在高温下溶出铝土矿中的氧化铝，而后又在低温、低浓度、添加晶种的情况下析出氢氧化铝。而母液经过蒸发又浓缩到循环母液原来的成分，这样一个循环过程称为拜耳法循环。可以看到，组成为 A 点的溶液经过一次这样的循环作业，便可以从矿石中提取出一批氧化铝，理论上溶液成分不发生变化。

在生产实际中，由于存在氧化铝和苛性碱的损失、溶出时冷凝水的稀释、添加晶种所带入的高苛性比值的母液等原因，生产过程与理想过程有差别，拜耳法循环图中的各条线段均会偏离图中所示的位置，如图 1-6 所示，对此要有所认识。

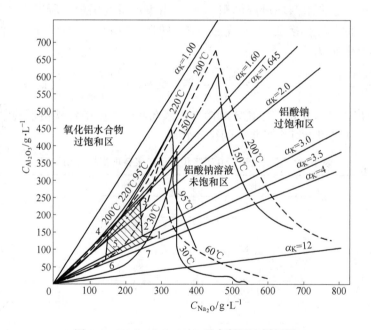

图 1-6 Na_2O-Al_2O_3-H_2O 系中拜耳法循环图

1.6.4 拜耳法的循环效率和循环碱量

循环效率是指 1t 苛性碱或 1m³ 循环母液在一次拜耳法循环中所产出的 Al_2O_3 的质量，用符号 E 表示，单位为 t/t 或 t/m³。这个指标反映了苛性碱在循环中的利用程度以及工厂的生产能力、物料消耗和能耗等情况。E 的数值越高，说明苛性碱的利用率越好，工厂生产能力越高，物料消耗和能耗越低。

如图 1-5 所示，循环母液的组成位于溶出前的 A 点，若已知循环母液的苛性比为 α_{K1}，

体积为 $V(\mathrm{m^3})$，苛性碱浓度为 $N_\mathrm{K}(\mathrm{g/L})$，含苛性碱质量为 $n(\mathrm{t})$，含氧化铝质量为 $a_1(\mathrm{t})$，则有：

$$\alpha_{\mathrm{K1}} = 1.645 \times \frac{n}{a_1} \qquad a_1 = 1.645 \times \frac{n}{\alpha_{\mathrm{K1}}}$$

溶出液的组成位于溶出后的 B 点，若已知溶出液的苛性比为 α_{K2}，含苛性碱质量为 $n(\mathrm{t})$ 不变，含氧化铝质量为 $a_2(\mathrm{t})$，则有：

$$\alpha_{\mathrm{K2}} = 1.645 \times \frac{n}{a_2} \qquad a_2 = 1.645 \times \frac{n}{\alpha_{\mathrm{K2}}}$$

溶出结束后得到氧化铝的质量 $a(\mathrm{t})$ 为：

$$a = a_2 - a_1 = 1.645 \times \left(\frac{n}{\alpha_{\mathrm{K2}}} - \frac{n}{\alpha_{\mathrm{K1}}}\right) = 1.645 \times n \cdot \frac{\alpha_{\mathrm{K1}} - \alpha_{\mathrm{K2}}}{\alpha_{\mathrm{K1}}\alpha_{\mathrm{K2}}}(\mathrm{t}) \qquad (1\text{-}6)$$

则 1t 苛性碱可溶出氧化铝的质量，即循环效率 E 为：

$$E = \frac{a}{n} = 1.645 \times \frac{\alpha_{\mathrm{K1}} - \alpha_{\mathrm{K2}}}{\alpha_{\mathrm{K1}} \cdot \alpha_{\mathrm{K2}}}(\mathrm{t/t}) \qquad (1\text{-}7)$$

但在实际生产中，通常用循环母液体积（$\mathrm{m^3}$）来表示碱的用量。所以有必要将式（1-7）中的循环效率 E 的单位转换成 $\mathrm{t/m^3}$ 或 $\mathrm{kg/m^3}$。转换后得到 $1\mathrm{m^3}$ 循环母液可溶出氧化铝的质量，即循环效率 E' 为：

$$E' = \frac{a}{V} = 1.645 \cdot \frac{n}{V} \cdot \frac{\alpha_{\mathrm{K1}} - \alpha_{\mathrm{K2}}}{\alpha_{\mathrm{K1}}\alpha_{\mathrm{K2}}} = 1.645 N_\mathrm{K} \frac{\alpha_{\mathrm{K1}} - \alpha_{\mathrm{K2}}}{\alpha_{\mathrm{K1}}\alpha_{\mathrm{K2}}}(\mathrm{kg/m^3}) \qquad (1\text{-}8)$$

表 1-10 给出了某氧化铝厂原矿浆和溶出矿浆在两个年度中各项指标的平均检测数据，根据所给已知条件可以计算出各年度的循环效率。

表 1-10　某氧化铝厂原矿浆和溶出矿浆各项指标检测数据

样品	指标	2018 年	2019 年
原矿浆	$N_\mathrm{K}/\mathrm{g \cdot L^{-1}}$	212.27	220.61
	α_K	2.64	2.58
溶出矿浆	$N_\mathrm{K}/\mathrm{g \cdot L^{-1}}$	263.44	242.82
	α_K	1.41	1.40
	碳碱比/%	8.57	8.79
	溶出率/%	80.15	76.93
	循环效率/$\mathrm{kg \cdot m^{-3}}$	115.38	118.56

循环碱量是指生产出 1t 氧化铝时，在循环母液中所必需含有的苛性碱的质量或循环母液的体积。它是 E 的倒数，通常用 N 表示。N 的单位可以为 $\mathrm{t/t}$、$\mathrm{m^3/t}$ 或 $\mathrm{m^3/kg}$。

$$N = \frac{1}{E} = 0.608 \times \frac{\alpha_{\mathrm{K1}}\alpha_{\mathrm{K2}}}{\alpha_{\mathrm{K1}} - \alpha_{\mathrm{K2}}}(\mathrm{t/t}) \qquad (1\text{-}9)$$

$$N' = \frac{1}{E'} = 0.608 \times \frac{\alpha_{\mathrm{K1}}\alpha_{\mathrm{K2}}}{N_\mathrm{K}(\alpha_{\mathrm{K1}} - \alpha_{\mathrm{K2}})}(\mathrm{m^3/kg}) \qquad (1\text{-}10)$$

由此可见，溶出时循环母液的苛性比 α_{K1} 越大，并且溶出液的苛性比 α_{K2} 越小，循环效率 E 越高，而生产 1t 氧化铝所需要的循环碱量 N 越小。实际生产中，减小 α_{K2} 比增大

α_{K1} 更有效。

利用上述公式可以计算出生产 1t 氧化铝理论上应配苛性碱的质量或循环母液的体积。在实际生产时，由于存在苛性碱损失，生产 1t 氧化铝在循环母液中含有的苛性碱量应比理论值更大一些。

1.6.5 拜耳法的工艺流程

拜耳法的基本工艺流程如图 1-7 所示。

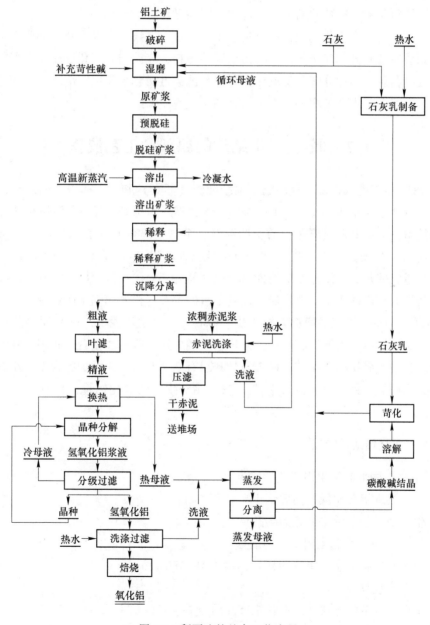

图 1-7 拜耳法的基本工艺流程

在拜耳法流程中，铝土矿经破碎后，和石灰、循环母液一起进入湿磨，制成合格原矿浆。原矿浆经预脱硅后，在高压条件下加热至溶出温度进行溶出。溶出后的矿浆再经过自蒸发减压降温后进入稀释及赤泥的沉降分离工序。自蒸发过程产生的二次蒸汽用于矿浆的预热过程。赤泥沉降分离后，底流经洗涤和过滤后进入赤泥堆场堆存。而沉降分离的溢流送往叶滤，经叶滤脱除浮游物的溶液称为精液。精液进入分解工序经晶种分解得到氢氧化铝浆料。氢氧化铝浆料经分级和过滤洗涤后，一部分作为晶种返回晶种分解工序，另一部分经焙烧得到氧化铝产品。晶种分解后分离出的分解母液经蒸发浓缩后返回原料制备工序，用于溶出新的矿石。蒸发析出的碳酸钠结晶经石灰苛化后得到苛性碱溶液，随蒸发母液一起返回原料制备工序，从而形成拜耳法的闭路循环。

根据拜耳法的基本工艺流程，可以把整个生产过程大致分为以下几个主要工序：原矿浆制备、原矿浆预脱硅、高压溶出、溶出矿浆的稀释、赤泥的分离和洗涤、赤泥的外排及处理、粗液的精制、晶种分解、氢氧化铝分级与洗涤过滤、氢氧化铝焙烧、母液蒸发及苏打苛化等。上述各个生产工序将依次在第 2~8 章详细介绍。

1.7　碱-石灰烧结法的原理和工艺流程

早在 1858 年就有人提出了在高温下烧结纯碱（苏打）和铝土矿组成的炉料，得到可以溶于水的固体铝酸钠 $Na_2O \cdot Al_2O_3$ 的烧结产物，然后再用 CO_2 气体分解烧结块溶出所得到的铝酸钠溶液，以制取氢氧化铝的所谓苏打烧结法。1880 年又有人提出往纯碱和铝土矿炉料中再添加石灰石（或石灰），把苏打烧结法改造为碱-石灰烧结法的建议。这一建议具有十分重大的意义，添加石灰石使得烧结过程中 Na_2O 和 Al_2O_3 的损失大大减少，因而可以有效地处理高硅铝土矿以及储量极其丰富的各种含铝的非铝土矿资源。

碱-石灰烧结法所处理的原料有铝土矿、霞石和拜耳法赤泥等。这些原料分别称为铝土矿炉料、霞石炉料和赤泥炉料。铝土矿炉料的铝硅比一般在 3 左右，我国个别的氧化铝厂铝土矿炉料的铝硅比高达 4~7；而霞石炉料只有 0.7 左右；赤泥炉料为 1.4 左右，而且常常含有大量的氧化铁。目前，采用碱-石灰烧结法生产的氧化铝量占到总产量的比例不到 10%。

1.7.1　碱-石灰烧结法的特点

碱-石灰烧结法生产氧化铝工艺的优点：

（1）可以处理铝硅比低的高硅铝土矿。

（2）生产消耗的是价格低廉的碳酸钠。

碱-石灰烧结法生产氧化铝工艺的缺点：

（1）由于有烧结工序，单位能耗高，约达 48.31GJ/t。

（2）生产流程复杂。

（3）碳酸化分解的方法造成氧化铝产品质量差。

为什么要开发和优化碱-石灰烧结法生产氧化铝工艺？

拜耳法生产氧化铝，铝土矿中的 SiO_2 会以含水铝硅酸钠的形式与 Al_2O_3 分离，如果矿石的铝硅比越低，则有用成分 Al_2O_3 和 Na_2O_K 就会损失越多，大大恶化技术经济指标。所以，拜耳法生产氧化铝工艺只适合处理铝硅比高 ($A/S>7$) 的铝土矿。碱-石灰烧结法是将纯碱、石灰和铝土矿组成生炉料，再经过烧结使铝土矿中的 SiO_2 转变为不溶于水的原硅酸钙形式而与 Al_2O_3 分离。与拜耳法相比，碱-石灰烧结法可以处理低铝硅比的铝土矿，而不会损失过多的 Al_2O_3 和 Na_2O_K。碱-石灰烧结法的开发和优化与拜耳法形成了优势互补，大大丰富了氧化铝生产原料。

虽然碱-石灰烧结法生产氧化铝工艺能够处理铝硅比低的铝土矿，但铝硅比越低，生产流程中的物料流量就越大，设备产能就越低。因此，从经济角度分析，烧结法生产氧化铝工艺并不适宜处理铝硅比低于 3.0~3.5 的铝土矿。

1.7.2 碱-石灰烧结法的基本原理

碱-石灰烧结法是由纯碱、石灰和铝土矿组成的生炉料，经过烧结使炉料中的 Al_2O_3 转变为易溶于水的铝酸钠，Fe_2O_3 转变为易水解的铁酸钠，SiO_2 转变为不溶于水的原硅酸钙，TiO_2 转变为不溶于水的钛酸钙。然后用水或稀碱溶液对烧结后的熟料进行溶出，沉降分离后得到铝酸钠溶液和不溶性赤泥，将溶液进行脱硅净化处理，再往溶液中通入 CO_2 气体进行碳酸化分解得到氢氧化铝晶体，氢氧化铝经焙烧脱水得到氧化铝产品。

生料烧结、熟料溶出和碳酸化分解是碱-石灰烧结法的核心工序。

1.7.2.1　生料烧结的过程

烧结生料的主要成分为铝土矿（Al_2O_3、SiO_2、Fe_2O_3、TiO_2）、纯碱（Na_2CO_3）、石灰（CaO）。生料经 1200~1300℃ 高温烧结后得到熟料，其主要成分为铝酸钠（$Na_2O \cdot Al_2O_3$）、原硅酸钙（$2CaO \cdot SiO_2$）、铁酸钠（$Na_2O \cdot Fe_2O_3$）以及钛酸钙（$CaO \cdot TiO_2$）。主要化学反应如下：

$$Al_2O_3 + Na_2CO_3 \xrightarrow{\text{烧结}} Na_2O \cdot Al_2O_3 + CO_2$$

$$SiO_2 + 2CaO \xrightarrow{\text{烧结}} 2CaO \cdot SiO_2$$

$$Fe_2O_3 + Na_2CO_3 \xrightarrow{\text{烧结}} Na_2O \cdot Fe_2O_3 + CO_2$$

$$TiO_2 + CaO \xrightarrow{\text{烧结}} CaO \cdot TiO_2$$

1.7.2.2　熟料溶出过程

由铝酸钠、铁酸钠、原硅酸钙、钛酸钙等组成的熟料再用水或稀碱溶液进行溶出。铝酸钠溶于水形成铝酸钠溶液，铁酸钠发生水解生成不溶性的一水氧化铁进入赤泥，原硅酸钙和钛酸钙本身不溶于水和稀碱溶液而全部转入赤泥，最终实现了矿石中 Al_2O_3 与 SiO_2、Fe_2O_3 和 TiO_2 等杂质的分离。主要的物理化学变化如下：

$$Na_2O \cdot Al_2O_3 + 4H_2O \xrightarrow{\text{溶出}} 2NaAl(OH)_4$$

$$Na_2O \cdot Fe_2O_3 + 2H_2O \xrightarrow{水解} 2NaOH + Fe_2O_3 \cdot H_2O \downarrow$$

$$2CaO \cdot SiO_2 \xrightarrow{溶出} 2CaO \cdot SiO_2 \downarrow$$

$$CaO \cdot TiO_2 \xrightarrow{溶出} CaO \cdot TiO_2 \downarrow$$

1.7.2.3　碳酸化分解过程

向脱硅净化处理后的铝酸钠溶液中通入 CO_2 气体，使铝酸钠发生分解而析出氢氧化铝晶体和主要成分为碳酸钠的碳分母液。氢氧化铝经过焙烧脱水后制得产品氧化铝，碳分母液经蒸发浓缩至一定浓度，返回配制生料浆，实现了碳酸碱的循环利用。主要的化学反应如下：

$$NaAl(OH)_4 \longrightarrow Al(OH)_3 + NaOH$$

$$2NaOH + CO_2 \longrightarrow Na_2CO_3 + H_2O$$

$$2NaAl(OH)_4 + CO_2 \longrightarrow 2Al(OH)_3 + Na_2CO_3 + H_2O$$
$$\text{精液} \qquad\qquad\qquad \text{结晶} \qquad \text{碳分母液}$$

1.7.3　碱-石灰烧结法的工艺流程

碱-石灰烧结法的基本工艺流程如图 1-8 所示。其生产工艺主要包括下述几个过程：生料浆的制备过程、熟料的烧制过程、熟料的溶出过程、赤泥沉降分离过程、铝酸钠溶液（粗液）的脱硅过程、铝酸钠溶液（精液）的碳酸化分解过程、碳分母液的蒸发过程及氢氧化铝焙烧过程等。

为保证熟料中生成预期的化合物，除铝土矿、石灰等固体物料需要在球磨机细磨使生料浆达到一定细度外，还需控制各种物料的配入量，并对生料浆进行多次调配以确保生料浆中各氧化物的配入比例和有适宜的水分含量。

烧结过程通常是在回转窑内进行的。调配好的生料浆用高压泥浆泵经料枪以高压打入窑内，在向窑前移动的过程中被窑内的热气流烘干，加热至反应温度，并在 1200~1300℃ 的高温下完成烧结过程，得到化学成分和物理性能合格的熟料。

熟料经破碎后，用稀碱溶液在球磨机内进行粉碎湿磨溶出，使有用成分 Na_2O 和 Al_2O_3 转变为铝酸钠溶液，而原硅酸钙和氧化铁形成固相赤泥，经过沉降分离，得到铝酸钠溶液，从而达到有用成分与有害杂质分离的目的。分离后的赤泥需经过热水充分洗涤后才能排弃，目的是回收赤泥附液中的 Na_2O 和 Al_2O_3。

在熟料溶出时，由于原硅酸钙的二次反应使铝酸钠溶液的 SiO_2 含量过高（可达到 4~6g/L），这种溶液（粗液）是不能进行碳酸化分解的，必须经过专门的脱硅工序进行脱硅，使 SiO_2 含量降至 0.2g/L 以下。经过脱硅处理和叶滤精制所得到的溶液称为精液。而硅渣含有相当数量的 Na_2O 和 Al_2O_3，要返回配料进行回收。

精液用烧结窑窑气或石灰炉炉气进行碳酸化分解，分解率一般控制在 85%~90%。分解析出的氢氧化铝用软水充分洗涤后，送去焙烧脱水得到产品氧化铝。碳分母液经蒸发浓缩至一定浓度，返回配制生料浆。

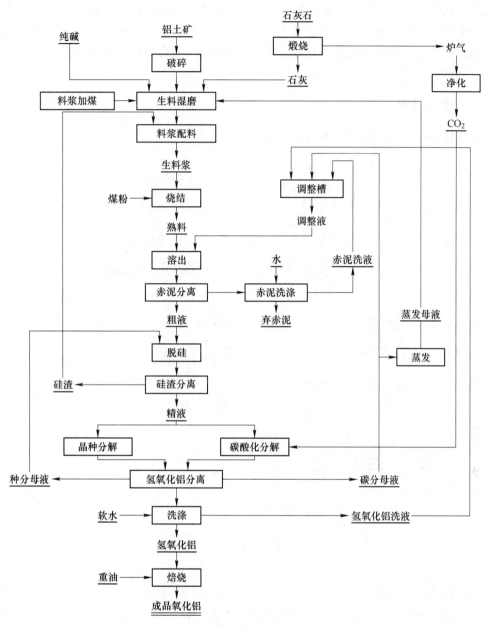

图 1-8 碱-石灰烧结法的基本工艺流程

1.8 联合法生产氧化铝

　　目前工业上氧化铝生产的方法主要是碱法，即是拜耳法和烧结法，这两种方法各有其特点和适应范围。用拜耳法生产氧化铝流程简单、产品质量好，工艺能耗低，产品成本低，但该法需要 $A/S \geqslant 7$ 的优质铝土矿和用比较贵的苛性碱。用烧结法生产氧化铝，可以处理 $A/S \geqslant 3 \sim 3.5$ 的高硅铝土矿和利用较便宜的碳酸钠，但该法流程复杂，工艺能耗高，产品质量比拜耳法差，单位产品投资和成本较高。两种方法都有各自的局限性。为适合各种铝土矿和减少生产成本，利用拜耳法和烧结法各自的优点，生产上采用拜耳法和烧结法联合起来的流程，能取得较单一方法更好的经济效果。联合法可分为串联法、并联法和混联法三种流程。

1.8.1 串联法生产氧化铝

串联法生产氧化铝流程如图 1-9 所示。

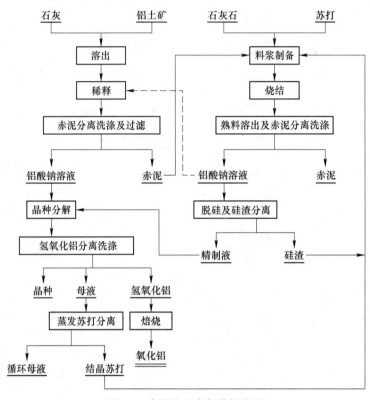

图 1-9 串联法生产氧化铝流程

串联法生产氧化铝适用于处理中等品位的铝土矿。此法是先以较简单的拜耳法处理矿石，提取其中大部分氧化铝，然后再用烧结法处理拜耳法赤泥，进一步提取其中的氧化铝和碱，将烧结后的熟料经过溶出、分离、脱硅等过程得到的铝酸钠溶液并入拜耳法系统，进行晶种分解，拜耳法系统的母液蒸发析出的一水碳酸钠送烧结法系统配制生料浆。

串联法生产氧化铝的优点：

（1）矿石中大部分的氧化铝是由投资和加工费较低的拜耳法处理，仅有少量是由烧结法处理，这样就减少了回转窑的数量和燃料消耗量，从而降低了氧化铝的成本。

（2）由于矿石经过拜耳法和烧结法两次处理，因而氧化铝的总回收率高，碱耗低。

（3）生产过程的补碱由烧结法系统的低价碳酸钠供应，减少了产品成本。

（4）种分母液蒸发时结晶析出的碳酸钠在烧结时被利用，并且还能使拜耳法流程中的有机物在烧结时得到烧除，降低了有机物对拜耳法生产的危害。

串联法生产氧化铝的缺点：

（1）拜耳法赤泥炉料铝硅比低，它的烧结比较困难，所以烧结过程能否顺利进行以及熟料质量的好坏是串联法的关键。

（2）如果矿石中的氧化铁含量低时，还存在烧结法系统补碱不足的情况。

（3）生产流程比较复杂，拜耳法和烧结法两系统的平衡和整个生产的均衡稳定比较难维持。拜耳法系统的生产受到烧结法系统的影响和制约，在拜耳法系统中，如果矿石品位和溶出条件等发生变化，就会使 Al_2O_3 溶出率和所产赤泥的数量与成分随之发生变化，又直接影响到烧结法的生产，两系统互相影响和制约，给组织生产带来困难。

1.8.2 并联法生产氧化铝

并联法生产氧化铝流程如图 1-10 所示。

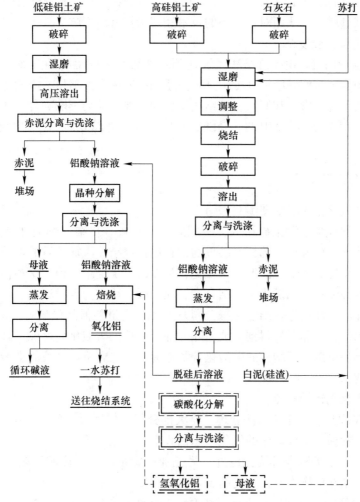

图 1-10　并联法生产氧化铝流程

由图 1-10 可见，并联法包括拜耳法和烧结法两个平行的生产系统，以拜耳法处理高品位铝土矿，以烧结法处理低品位铝土矿。烧结后的烧结熟料进行溶出、液固分离以及铝酸钠溶液脱硅，脱硅后的铝酸钠溶液最后并入拜耳法系统，将拜耳法和烧结法两系统的铝酸钠溶液进行晶种分离，然后分离和洗涤氢氧化铝，$Al(OH)_3$ 经焙烧得到氧化铝。

并联法生产氧化铝的优点：

（1）可以合理利用国家铝矿资源。如果矿区铝土矿品位不均匀，或是不同地区有两种品位的铝土矿，用并联法处理这两类矿石可以得到较好的经济效益。

（2）种分母液蒸发时结晶析出的碳酸钠在烧结时被利用，并且还能使拜耳法流程中的有机物在烧结时得到烧除，降低了有机物对拜耳法生产的危害。

（3）生产过程的补碱全部由烧结法系统的低价碳酸钠供应，减少了产品成本。

（4）烧结法系统中低苛性比值的铝酸钠溶液可降低拜耳法系统中铝酸钠溶液的苛性比值，有利于提高晶种分解的速度和分解率。

并联法生产氧化铝的缺点：

（1）用烧结法的铝酸钠溶液代替纯苛性碱来补偿拜耳法系统的碱损失，使得拜耳法各工序的循环碱量增加，从而对各工序的技术经济指标有所影响。

（2）工艺流程比较复杂。

（3）均衡生产困难。由于烧结法系统送到拜耳法系统的铝酸钠溶液量，必须保证晶种分解后母液中剩余苛性碱应恰好等于拜耳法系统中所损失的碱量，因此，拜耳法系统的生产受到烧结法系统的影响和制约，烧结法系统如有波动就会影响到拜耳法系统的波动。

并联法生产氧化铝流程中两个系统的比例为：烧结法系统的比例为总产量的 10% ~ 15%。

1.8.3　混联法生产氧化铝

混联法生产氧化铝流程如图 1-11 所示。

串联法中，拜耳法赤泥铝硅比低，所配成的炉料较难烧结。解决这个问题的方法之一，是在拜耳法赤泥中添加一部分低品位的矿石进行烧结。添加矿石的目的是提高熟料铝硅比，使炉料熔点提高，烧成温度范围变宽，从而改善了烧结过程。这种将拜耳法和同时处理拜耳法赤泥与低品位铝矿烧结法结合在一起的联合法称为混联法。

拜耳法赤泥经洗涤后送烧结法系统，同时添加一定量的低品位矿石，磨制成生料浆，进行烧结、溶出、分离和脱硅得到精液。除一部分精液去碳酸化分解外，其余的和拜耳法精液一起进行晶种分解。所增加的碳酸化分解作为调节过剩苛性碱液的平衡措施，有利于生产过程的协调。

混联法生产氧化铝的优点：

（1）高品位铝土矿先用拜耳法处理，将大部分氧化铝回收后的赤泥再用烧结法处理，两次回收氧化铝和碱，所以此法的氧化铝总回收率高，碱耗低。

（2）烧结法除了处理拜耳法赤泥外，另配加一定量的低品位矿石来提高生料浆的铝硅比，改善了烧结窑的操作条件，提高了熟料的质量。

（3）利用较便宜的碳酸钠加入烧结法系统来补偿生产过程的碱损失。

（4）由于大部分铝酸钠溶液是晶种分解，所以采用此法可获得较高质量的氧化铝。

混联法生产氧化铝的缺点：

（1）两系统的协调复杂。

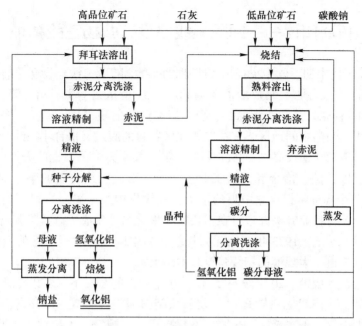

图 1-11 混联法生产氧化铝流程

（2）由于两系统都是完整的流程，所以整个生产流程复杂。

混联法的创造性在于工业上实现了拜耳法赤泥与低品位铝土矿一起烧结，是稳定拜耳法赤泥熟料烧结作业的好方法。生产实践证明，混联法是处理我国高硅低铁铝土矿较为有效的方法，氧化铝总回收率高，产品质量好，世界上只有我国采用此法生产。目前，混联法已成为我国氧化铝生产的主要方法之一，为我国氧化铝工业的发展做出了重要的贡献。

拓展阅读——回顾三线建设，弘扬三线精神

20 世纪 60 年代中期，党中央提出三线建设问题，随后三线建设开始启动。所谓三线是按地区划分的，一线是东北及沿海各省市，三线是指云、贵、川、陕、甘、宁、青、豫、颚、湘等 11 省区。其中西南的云、贵、川和西北的陕、甘、宁、青俗称大三线。二线是指一、三线之间的中间地区，一、二线地区各自的腹地又俗称小三线。

三线建设出现两次建设高潮。1965~1966 年，国家集中了大批的人力、物力和财力，以西南为重点，以铁路、冶金和国防工业为骨干，形成三线建设的第一次高潮。1969~1972 年，是第二个高潮。根据党中央的指示，三线集中了全国一半以上的投资。各地区建设全面铺开，各行各业齐头并进，在不长时间里，初步建成了以重工业为主体、门类比较齐全的战略后方基地。1973 年，国际局势缓和，中国经济发展由备战型经济逐步转向正常的经济建设轨道，大规模的三线建设基本结束。

攀枝花开，百炼成钢。20 世纪 60 年代，在党中央的号召下，数以万计的建设者潮水般涌进金沙江畔，一待就是一辈子。"三块石头架口锅，帐篷搭在山窝窝，天做罗帐地是床，野菜盐巴下干粮，不想爹，不想妈，不想孩子，不想家，不出铁水不回家。"在没有城市依托、不通铁路、气候恶劣、物资奇缺的艰难条件下，三线建设者们无私地奉献着他们的才华和青春。攀枝花铁矿资源丰富，但这种钒钛磁铁矿极难出铁。科研工作者经过1200 次实验，最终攻克了用普通高炉冶炼高钛型钒钛磁铁矿这一世界性技术难题。1971年 7 月 1 日，攀枝花出炉了第一炉铁水。数十万建设者，用了五年时间，终于在荒无人烟的不毛之地，建起现代化大型企业——四川攀枝花钢铁基地。

三线建设的实施，是推进我国现代化进程的重要步骤，对提高国家的国防能力，改善我国国民经济布局，推进中西部落后地区的社会经济发展，具有重要意义。

2 拜耳法原料制备

2.1 拜耳法原料制备概述

拜耳法原料制备是氧化铝生产中的第一道工序，它通常包括原矿浆制备和石灰乳制备两个主要任务。原矿浆制备又包括铝土矿破碎、配矿、配料以及磨矿等生产岗位，其主要目的是对铝土矿进行细化、均化并与母液和石灰混合，为溶出系统磨制出合格的原矿浆。石灰乳制备是将生石灰与热水混合，其主要目的是为叶滤和苛化工序制出合格的石灰乳。

2.1.1 拜耳法的原料

拜耳法生产氧化铝的初始原料包括铝土矿、石灰、苛性碱（循环母液和补充碱）。原料制备的主要目的是将这些初始原料制备成能够满足后续生产需要的生产原料，即合格的原矿浆和石灰乳。

拜耳法对初始原料的要求通常为：

（1）铝土矿中 Al_2O_3 含量不小于 65%，$A/S>7$。

（2）母液中 NaOH 含量不小于 30%，Na_2CO_3 含量不大于 1%。

（3）石灰中 CaO 含量不小于 85%。

但是，不同的氧化铝生产企业会根据自身实际生产情况以及铝土矿资源情况的不同，其对初始原料的要求也会大不相同。正如表 2-1 中，国内某氧化铝厂控制入磨铝土矿中 Al_2O_3 含量约在 55%。

表 2-1　国内某氧化铝厂入磨前铝土矿成分等指标

入磨铝土矿	成分/%					A/S	含水率/%
	$w(Al_2O_3)$	$w(SiO_2)$	$w(Fe_2O_3)$	$w(TiO_2)$	$w(CaO)$		
夜班	55.1	6.85	19.7	2.23	1.1	8.04	10.77
中班	55.8	7.00	18.5	2.50	1.4	8.03	9.52

拜耳法对生产原料的要求通常为：

（1）合格原矿浆。参与化学反应的物料要有一定的细度，可通过破碎和磨矿等操作实现。参与化学反应物质之间要有合理的配比，可通过配矿和配料等操作实现。参与化学反应物质之间要混合均匀，可通过磨矿操作实现。

（2）合格石灰乳。石灰乳的液固比适中，有效钙含量达标。

某氧化铝厂原料制备区质量技术标准为：

（1）原矿浆固体含量：（300±20）g/L。

（2）原矿浆细度（63μm 粒级）：≥70%。

(3) 入磨 A/S：8 ± 1.5。

(4) 矿浆冲淡：$\leqslant 15g/L$。

(5) 石灰乳 CaO_f 质量浓度：$\geqslant 150g/L$。

(6) 石灰乳固体含量：$(330 \pm 10)g/L$。

能否制备出满足氧化铝生产要求的合格原矿浆，将直接影响到铝土矿中氧化铝的溶出率和晶种分解过程的分解率。总之，会直接影响到氧化铝生产过程的技术经济指标，因此原料制备在氧化铝生产中具有重要作用。

2.1.2　石灰乳制备的原理和工艺

生石灰与热水按一定比例混合，发生如下反应：

$$CaO + H_2O \xrightarrow{\text{搅拌}} Ca(OH)_2$$

因 $Ca(OH)_2$ 微溶于水，可与水调配成具有一定液固比的混合物，即石灰乳。

进入作业区的石灰堆入石灰储仓，经皮带输送机分别送入石灰消化仓和石灰磨头仓，为制造石灰乳和配料做好充分准备。在石灰消化仓底部设有槽式给料机，经给料机送出的合格石灰与蒸发来的 80℃ 以上的热水按一定的比例送入化灰机制成石灰乳。合格石灰乳流入石灰乳槽，经石灰乳泵送往叶滤和苛化等工序，石灰渣由汽车外送。国内某氧化铝厂石灰入场处理流程如图 2-1 所示。

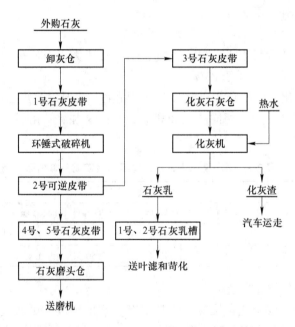

图 2-1　国内某氧化铝厂石灰入场处理流程

石灰乳制备的主要设备是化灰机，其工作过程为：生石灰颗粒和热水由加料口进入化灰机，并通过筒体的转动和机体内桨叶的搅拌使氧化钙和水充分混合反应并放热。最后生成氢氧化钙乳液，通过滤网由出浆口连续排出，生石灰中所含的不能消化的杂质被滤网过滤后由出渣机排出机外。化灰机的结构简图如图 2-2 所示。

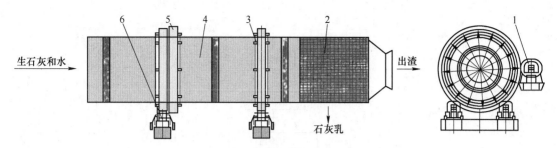

图 2-2 化灰机的结构简图

1—动力装置；2—滤网；3—滚圈；4—筒体；5—齿圈；6—托轮装置

2.1.3 原矿浆制备的工艺

原矿浆制备就是将铝土矿破碎、配矿、磨细，并按配料要求配入石灰和循环母液，最终得到合格的原矿浆。拜耳法原矿浆制备通常采用格子型球磨机或棒磨机，与分级机或旋流器组成一段闭路磨矿流程，其示意图如图 2-3 所示。

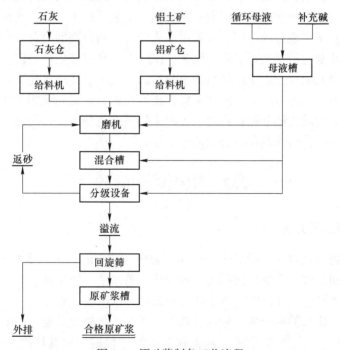

图 2-3 原矿浆制备工艺流程

国内氧化铝厂原矿浆制备工艺也多采用两段磨加分级流程。由于磨矿在一段磨内完成，易造成磨矿效率低及无效循环多，部分矿石不能被磨细，而部分矿石则被过磨，产品粒度不均匀，磨机产能不易得到充分发挥。针对我国某些矿区的一水硬铝石型铝土矿难磨的特点，我国自行研究开发出适合于处理难磨铝土矿的两段磨流程：一段棒磨机开路、二段球磨机与水力旋流器闭路的流程，其示意图如图 2-4 所示。

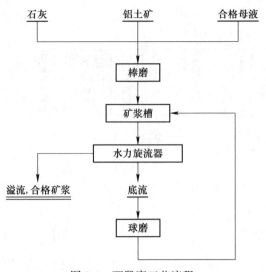

图 2-4　两段磨工艺流程

　　实际生产结果表明：棒磨开路、球磨与水力旋流器闭路的两段磨流程，不但能充分发挥棒磨机破碎能力强而球磨机研磨能力好的特性，工艺、技术可靠，操作和控制简单，能确保磨矿细度，易于实现自动控制，而且可以充分调节两段磨的负荷。

　　原矿浆制备通常包括铝土矿破碎、配矿、配料以及磨矿等生产岗位。破碎通常采用多段破碎与筛分配合的流程，以实现物料细化的目的。配矿主要通过配矿计算和均化混合操作来实现入磨铝土矿的成分稳定。配料通常包括配石灰、配碱和液固比的调节，其目的是保证参与化学反应物质之间的配比合理。磨矿采用湿磨与分级配合的流程，实现物料进一步细化和混匀的目的，最终制备出合格的原矿浆。

2.2　铝土矿的破碎

2.2.1　破碎的概念及方法

　　通常将大块固体物料变小的操作过程称为破碎。破碎时，一般需要对物料施加外力。氧化铝生产中常用的破碎方法有挤压法、劈裂法、折断法、磨削法、冲击法，如图 2-5 所示。目前的破碎机械，往往同时具有上述几种破碎方法的联合作用。

　　从矿山上开采出来的铝土矿一般块度较大，需要进行破碎才能达到矿石入磨的粒度要求。氧化铝生产中，进厂的铝土矿一般先在矿山经过粗碎，使其块度小于 100mm，再经中碎将矿石破碎到 30mm 左右，最后经过细碎将矿石破碎到 3mm 左右，即得到块度合格的矿石。

2.2.2　破碎的设备

　　依照结构和工作原理的不同，氧化铝生产所用的破碎机大体上有颚式破碎机、圆锥破碎机、辊式破碎机、冲击式破碎机四类，其工作原理如图 2-6 所示。

　　(1) 颚式破碎机 [见图 2-6 (a)]：主要的工作部件是固定颚板和活动颚板。依靠挤

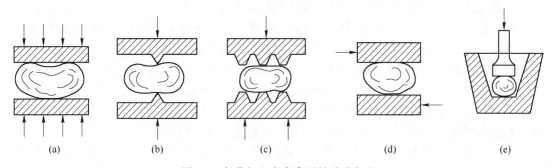

图 2-5 氧化铝生产中常用的破碎方法

（a）挤压法；（b）劈裂法；（c）折断法；（d）磨削法；（e）冲击法

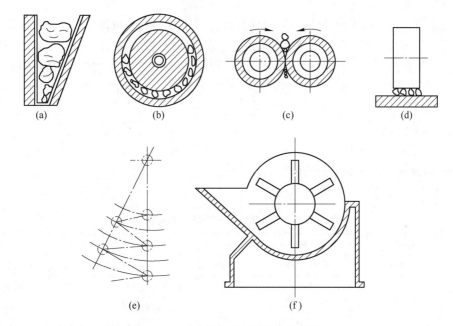

图 2-6 不同类型破碎机工作示意图

（a）颚式破碎机；（b）圆锥破碎机；（c）辊式破碎机；（d）锤式破碎机；（e）笼式破碎机；（f）反击式破碎机

压进入固定颚板和活动颚板之间的块状物料来进行破碎，适用于粗碎和中碎作业。根据可动颚板的摆动形式可以分为简单摆动颚式破碎机和复杂摆动颚式破碎机；根据可动颚板的悬挂方式可分为上动式和下动式颚式破碎机。

颚式破碎机的优点是结构简单、维修方便，工作安全可靠，适用范围广。其缺点是工作间断、有空转行程，增加了非生产性功率消耗；工作时有很大惯性力，设备承受很大的负荷，易损坏；破碎片状物料效果较差。

（2）圆锥破碎机［见图 2-6（b）］：有两个工作部件都是截锥体。一个固定截锥体称为定锥；在定锥内部安装一个轧锥，又称为动锥。由可动的内圆锥体以一定的偏心半径绕固定的外圆锥体中心线做旋转运动来破碎充满于两圆锥间的矿石，矿石在两锥体间受到挤压和折断的作用，常用于中碎、细碎和粗碎坚硬的矿石。可分为带有急陡圆锥的粗碎用的破碎机和圆锥倾斜较平缓的用于中碎、细碎的圆锥破碎机两种。

圆锥破碎机的优点是生产能力大、单位能耗低，适于破碎片状物料，破碎产品粒度均匀，破碎比大；缺点是结构复杂，造价高，维修困难，检修费用高。

（3）辊式破碎机［见图2-6（c）］：主要组成部件是两个平行的相向转动的圆柱形辊子，矿石在两辊子的夹缝中破碎。如辊子是光圆柱的，主要受压碎作用；若是带有齿的辊子，则同时有压碎和劈碎作用；若两辊子的转速不同，还受到磨削作用。它适用于中碎和细碎脆性和硬度不大的矿石，属于这一类的有对辊机和齿形辊面机。

（4）冲击式破碎机：矿石受到快速回转运动部件的冲击作用而破碎，属于这一类型的有锤式破碎机［见图2-6（d）］、笼式破碎机［见图2-6（e）］、反击式破碎机［见图2-6（f）］等。

冲击式破碎机的优点是生产能力高，破碎比大，电耗低，结构简单，维修方便；缺点是破碎硬质物料时，设备磨损快，破碎后物料不均匀。

一般来说，每台破碎设备的进料口是固定的，有最大进料粒度限制，但出料口有一定的调整范围，从而满足不同产品的粒度要求。通常用破碎比来衡量破碎设备的破碎效果，所谓的破碎比，是指破碎前矿石的最大粒度与破碎后产品最大粒度之比。其计算公式如下：

$$i = \frac{D_{最大}}{d_{最大}} \qquad (2-1)$$

式中　i——破碎比；

　　$D_{最大}$——给矿中最大块直径，mm；

　　$d_{最大}$——破碎产品中最大块直径，mm。

破碎阶段与破碎比的关系见表2-2。

表 2-2　破碎阶段与破碎比的关系

名称	破碎比 i	破碎前块径/mm	破碎后块径/mm	破碎设备
粗碎	3~4	1500~500	400~125	旋回式圆锥破碎机或颚式破碎机
中碎	4~5	400~125	100~25	标准型圆锥破碎机、颚式破碎机和反击式破碎机
细碎	5~7	100~25	25~5	短头型圆锥破碎机和反击式破碎机
磨碎	≥50	25~5	<5	球磨机

2.2.3　破碎的流程

根据铝土矿性质的不同，可以选择不同的铝土矿破碎流程。对于铝土矿的中碎与细碎，我国以一水硬铝石型铝土矿为原料的某氧化铝厂采用颚式破碎机进行中碎、圆锥破碎机进行细碎的两段闭路破碎流程，如图2-7所示；采用圆锥破碎机进行中碎和细碎的两段开路破碎流程，如图2-8所示；也可以采用反击式破碎机或锤式破碎机进行中细碎的一段闭路破碎流程，如图2-9所示。

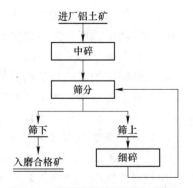

图 2-7　两段闭路破碎流程示意图

图 2-8 两段开路破碎流程示意图   图 2-9 一段闭路破碎流程示意图

上述三种破碎流程各有其特点。采用两段开路破碎流程，可避免使用维护、检修次数频繁的固体提升输送设备；而两段闭路破碎流程，可以保证碎矿块度；一段闭路破碎流程简单，又可保证碎矿块度。

通常情况下铝土矿破碎的技术指标如下：

（1）颚式破碎机指标：原矿石粒度小于 400mm，出料粒度小于 80mm，排矿口保持在 70~80mm。

（2）圆锥破碎机指标：出料粒度小于 20mm，排矿口保持在 8~11mm。

（3）反击式破碎机指标：原矿石粒度小于 400mm，出料粒度小于 20mm，排矿口保持在 40mm 左右。

2.3 铝土矿的配矿

拜耳法生产氧化铝需要有一个成分较为稳定的原料，原料品位的波动将会影响到生产过程的稳定运行，造成工艺指标波动以及生产操作困难等。铝土矿配矿的作用就是把已知成分但有差异的几部分铝土矿根据生产需要按比例均匀混合，调整进入生产流程的铝土矿的铝硅比和氧化铝含量，为氧化铝厂提供成分稳定的铝土矿原料。

2.3.1 配矿方法

我国的铝土矿资源、铝土矿的化学组成和矿物组成均比较复杂，且同一矿区不同矿点铝土矿的成分通常有较大差异，因此配矿难度也相应较大。配矿首先在矿山进行，矿山将各供矿点开采出的不同品位矿石按比例混合后送入工厂原矿槽，进厂的铝土矿通常经中碎和细碎后按不同品位分开堆放储存，不同品位的铝土矿再进行一次按比例调配和均化，合格后才能送去配料。总的来说，配矿过程包括铝土矿的储存、确定配矿比例、输送和均化。

配矿方法根据所用设备的不同分为吊车配矿、推土机配矿、储罐配矿以及堆取料机配矿等。前三种配矿方法已逐渐被堆取料机配矿所取代。堆取料机是将吊车、推土机、堆料机、取料机和皮带输送机的功能合在一起的先进设备，如图 2-10 所示。目前大多数氧化铝厂都采用了这种设备进行配矿。堆取料机能连续地把碎矿按一定方式堆成若干相互平行、上下重叠的料层，目的在于将碎矿尽可能地均匀铺开；堆取料机还能按垂直于料堆水平截面从料堆所有料层中切取一定厚度的物料，以确保取料的成分均匀，再通过出料皮带送往下道工序。

图 2-10　堆取料机配矿工作现场

不同氧化铝厂会根据实际情况采取不同的配矿方法，以下给出了国内某氧化铝厂采用多种设备相互配合的综合配矿方法，从而实现铝土矿的按比例混合和三次均化的目的。

铝土矿进入厂区，会根据矿石铝硅比差异分别存放入不同的原矿堆场。首先用带有抓斗的行车或电子皮带秤按配矿比例从各原矿堆场中分别取料，并依次混入卸矿槽中，实现矿石的按比例混合和一次均化的目的；卸矿槽中的混合矿再经带式卸矿机给到皮带输送机，由皮带输送机送至电动双侧布料机，并由高处均匀洒料至均化堆场，碎矿在均化堆场经分层布料实现二次均化；最后用桥式双斗轮取料机垂直于料层水平截面取料，再经皮带输送机送至矿石磨头仓，达到三次均化和运输目的。该厂综合配矿的设备包括带有抓斗的行车或电子皮带秤、带式卸矿机、皮带输送机、双侧布料机、桥式双斗轮取料机等。

2.3.2　配矿计算

配矿的前提在于确定配矿比例，而配矿比例则需要通过配矿计算来得出。若已知两种铝土矿的成分及含量见表 2-3。

表 2-3　铝土矿主要成分的含量与铝硅比　　　　　　　　　　　（%）

类　　型	$w(Al_2O_3)$	$w(SiO_2)$	$w(Fe_2O_3)$	A/S
第一种铝土矿	A_1	S_1	F_1	K_1
第二种铝土矿	A_2	S_2	F_2	K_2

首先需要进行配矿判断。若要求配矿后混合矿的 A/S 为 K，则上述两种铝土矿的主要成分的含量必须满足 $K_1 < K < K_2$ 或 $K_1 > K > K_2$ 方能进行配矿，否则将无法达到混合矿的要求。

当矿石成分的含量满足配矿要求时，假设第一种铝土矿用 1t 时，需配入第二种铝土矿为 xt，则可根据铝硅比定义求出 x：

$$K = \frac{A_1 + xA_2}{S_1 + xS_2} \tag{2-2}$$

$$x = \frac{A_1 - KS_1}{KS_2 - A_2} \tag{2-3}$$

得出 x 后，即可求出配矿比例和混合矿中各成分的含量（%）为：

$$配矿比 = \frac{1}{x} \tag{2-4}$$

$$w(\mathrm{Al_2O_3}) = \frac{A_1 + A_2 x}{1 + x} \times 100\% \tag{2-5}$$

$$w(\mathrm{SiO_2}) = \frac{S_1 + S_2 x}{1 + x} \times 100\% \tag{2-6}$$

$$w(\mathrm{Fe_2O_3}) = \frac{F_1 + F_2 x}{1 + x} \times 100\% \tag{2-7}$$

配矿的关键在于碎矿取样的代表性和配矿操作的准确性。例如，通过计算得出 $x = 0.4t$，即当第一种铝土矿加 1t 时，第二种铝土矿应该加 0.4t，配矿比为 $1:0.4 = 5:2 = 2.5$。若生产中采用抓斗行车进行配矿，则配矿方法为第一种铝土矿要抓取 5 斗，第二种铝土矿抓取 2 斗，交替进行。若生产中采用电子皮带秤进行配矿，则只需将配矿比例输入自动控制系统，就可以精确地实现按比例取矿并混合。

一般情况下，对于拜耳法生产，通常要求混合矿的铝硅比不小于 7.0。但随着我国氧化铝年产量的快速增长和供矿品位的持续下滑，目前我国某些氧化铝企业实际生产过程中要求的混合矿铝硅比已降低至 6.0 左右。

2.4 拜耳法配料

拜耳法配料就是为满足在一定溶出条件下，达到技术规程所规定的氧化铝溶出率和溶出液苛性比值，而对原矿浆的成分进行调配的工作。也就是，通过配料计算确定原矿浆中矿石、石灰、循环母液的配料比例，通过配料操作将这些原料按比例混合，以保证铝土矿溶出的最佳效果。

拜耳法配料指标主要包括配石灰量、配苛性碱量和原矿浆液固比。

2.4.1 拜耳法配石灰

对于一水硬铝石型铝土矿的溶出，加入石灰的主要目的是消除铝土矿中杂质 $\mathrm{TiO_2}$ 的危害，使铝土矿中的杂质 $\mathrm{TiO_2}$ 与石灰中 CaO 作用生成钛酸钙（$\mathrm{CaO \cdot TiO_2}$）进入赤泥，加速氧化铝的溶出过程。因此，石灰的配入量首先要保证钙钛摩尔比为 1.0。同时，石灰的加入还可使一部分 $\mathrm{SiO_2}$ 转化成水化石榴石（$3\mathrm{CaO \cdot Al_2O_3 \cdot} x\mathrm{SiO_2 \cdot} n\mathrm{H_2O}$）析出，进而影响到溶出赤泥的铝硅比和钠硅比。拜耳法生产中考虑到石灰的其他作用，配料时要适当增加石灰的添加量，通常情况下，石灰的加入量为矿石量的 7% ~ 9%。适当增加石灰添加量可以较大幅度地降低溶出过程的化学碱耗，但同时也会一定程度地降低氧化铝的回收率。因此，对于拜耳法处理一水硬铝石型铝土矿，石灰添加量的选择应以技术经济评价为依据。

拜耳法配石灰计算就是确定配石灰量。所谓的配石灰量是指满足生产要求的单位质量矿石所需用的石灰量，即 1t 铝土矿需要配入多少质量的石灰，可用符号 W 来表示。

例如，现有一批配矿混合后的铝土矿 15t，含（质量分数）$\mathrm{Al_2O_3}$ 72%、$\mathrm{SiO_2}$ 8%、

Fe_2O_3 10%、TiO_2 2%，石灰中 CaO 的含量为 88%，分别做如下几种情况的计算：

（1）若只考虑用石灰去除杂质 TiO_2，则理论上最小的配石灰量为：

$$\frac{n_{TiO_2}}{n_{CaO}} = \frac{m_{TiO_2}/80}{m_{CaO}/56} = \frac{1 \times w(TiO_2)/80}{W \times w(CaO)/56} = 1$$

$$W = 1 \times \frac{56}{80} \times \frac{w(TiO_2)}{w(CaO)} = 15.9(kg/t)$$

（2）若考虑石灰的其他作用，以钙钛摩尔比为 2 来计算，则配石灰量为：

$$\frac{n_{TiO_2}}{n_{CaO}} = \frac{m_{TiO_2}/80}{m_{CaO}/56} = \frac{1 \times w(TiO_2)/80}{W \times w(CaO)/56} = 2$$

$$W = 2 \times \frac{56}{80} \times \frac{w(TiO_2)}{w(CaO)} = 31.8(kg/t)$$

（3）如果规定石灰加入量为矿石量的 8%，则需配入石灰总量为：

$$配入石灰总量 = 15 \times 8\% = 1.2(t)$$

某些氧化铝厂也会采用原矿浆钙硅比 C/S 来作为生产技术指标，以此来调节石灰的配入量。所谓的 C/S 是指原矿浆中 CaO 与 SiO_2 的质量之比。例如，某厂生产中规定 C/S 的考核指标范围是 1.0~1.2，若检测发现原矿浆实际 C/S 小于 1，则说明所配入的石灰量偏小，需要在配料时增加石灰的配入量，使得原矿浆 C/S 保持在考核指标范围内。

2.4.2　拜耳法配碱

在生产实际中，配料时加入的碱并不是纯苛性氧化钠，而是生产中返回的循环母液。由于循环母液中以铝酸钠形式存在的苛性碱不能再参与铝土矿中氧化铝的溶出，将这部分苛性碱称为惰性碱。而其余游离的苛性碱才能参与溶出反应，称之为有效苛性碱。

配碱计算就是要确定配碱量。所谓的配碱量是指单位质量矿石所需用的循环母液量，即 1t 铝土矿需要配入多少体积的循环母液，可用符号 V 来表示，常用的单位为：m^3/t。

配碱量计算要考虑三个方面的需求，即苛性碱"消耗"的三种方式：

（1）溶出液要有一定的苛性比值，即溶出铝土矿中氧化铝时有效苛性碱的正常消耗。

（2）二氧化硅生成含水铝硅酸钠，即苛性碱进入赤泥所造成的碱损失。

（3）由于反苛化反应和机械损失的苛性碱，即苛性碱生成碳酸碱的损失和机械损失。

充分考虑上述苛性碱的三种"消耗"方式，可以进行配碱量的计算。若已知铝土矿的成分及含量见表 2-4。

表 2-4　铝土矿的成分和含量　　　　　　　　　　（%）

$w(Al_2O_3)$	$w(SiO_2)$	$w(Fe_2O_3)$	$w(TiO_2)$	$w(CO_2)$
A	S_1	F	T	C_1

已知如下条件，则配碱量 V 为所求。

（1）石灰量为干矿石的 W 倍（配石灰量），石灰中 SiO_2 和 CO_2 含量分别为 S_2%、C_2%。

（2）赤泥中 Na_2O 与 SiO_2 的质量比为 M。

（3）处理 1t 铝土矿需加入补充苛性碱的量为 $m(N_K)$。

（4）生产要求规定 Al_2O_3 的实际溶出率为 η_A。

（5）生产要求规定溶出液苛性比为 α_{K2}。

（6）循环母液中 Al_2O_3 和 Na_2O_K 的质量浓度分别为 $\rho(A_1)$、$\rho(N_{K1})$。

值得注意的是，在计算过程中各个物理量的单位要统一。

首先，由溶出液苛性比 α_{K2} 可知：

$$\alpha_{K2} = \frac{\rho(N_{K2})}{\rho(A_2)} \times 1.645 = \frac{m(N_{K2})}{m(A_2)} \times 1.645$$

$$= \frac{\text{加入碱量（母液 + 补充碱）} - \text{赤泥碱损失} - \text{碳碱损失}}{\text{母液中氧化铝量} + \text{铝土矿中溶出的氧化铝量}} \times 1.645 \quad (2\text{-}8)$$

其中，加入碱量 $= \rho(N_{K1}) \cdot V + m(N_K)$；

赤泥碱损失 $= (S_1 + S_2 \cdot W) \cdot M$；

碳碱损失由反应 $Na_2O_K + CO_2 = Na_2CO_3$ 求得，即 Na_2O_K 与 CO_2 的摩尔比为 1:1，进而导出 Na_2O_K 与 CO_2 的质量比为 1.41:1，则：

碳碱损失 $= 1.41(C_1 + C_2 \cdot W)$；

母液中氧化铝的量 $= \rho(A_1) \cdot V$；

铝土矿中溶出的氧化铝量 $= A \cdot \eta_A$，其中溶出率的概念将在第 3 章做详细介绍。将上述各项代入式（2-8），得到：

$$\alpha_{K2} = \frac{[\rho(N_{K1})V + m(N_K)] - (S_1 + S_2 W)M - 1.41(C_1 + C_2 W)}{\rho(A_1)V + A\eta_A} \times 1.645 \quad (2\text{-}9)$$

再根据式（2-9）计算出配碱量 V：

$$V = \frac{0.608\alpha_K A\eta_A + (S_1 + S_2 W)M + 1.41(C_1 + C_2 W) - m(N_K)}{\rho(N_{K1}) - 0.608\alpha_{K2}\rho(A_1)} \quad (2\text{-}10)$$

在实际生产中，配碱量通常根据规定的原矿浆液固比标准来进行调节，或者由后续溶出工序的溶出率和溶出液苛性比等指标反馈调整。

2.4.3 原矿浆液固比的控制

原矿浆的配碱量在实际生产上是通过控制原矿浆液固比（L/S）来调节的。液固比是矿浆中液体和固体的含量之比，可以是体积/体积、体积/质量、质量/质量，主要根据氧化铝厂测定或计算方法的不同而定。

较为常用的 L/S 是液相质量与固相质量的比值。当循环母液密度为 $d_L(kg/m^3)$，每吨铝土矿应配入的循环母液量为 $V(m^3)$，配入的石灰为 $W(t)$ 时，则原矿浆的液固比为：

$$L/S = \frac{Vd_L}{1000 \times (1 + W)} \quad (2\text{-}11)$$

原矿浆的液固比也可以表示为：

$$L/S = \frac{d_L(d_S - d_P)}{d_S(d_P - d_L)} \quad (2\text{-}12)$$

式中，d_S 为矿石加石灰的固相密度，kg/m^3；d_P 为原矿浆的密度，kg/m^3。

液固比公式（2-12）应用于生产中，固体和循环母液的密度变化很小，可以作为定值考虑；由放射性同位素密度计可以测定出原矿浆的密度 d_P，便可求出液固比，进而指导配料操作。

当磨机的下料量稳定时，增加液固比即增加循环母液量，实际上是增加了原矿浆的配碱量。生产中循环母液通常由磨机、原矿浆混合槽、分级设备三个点加入，如图 2-3 所示。而磨机内液固比和分级设备溢流液固比在生产操作中保持稳定。因此，调节原矿浆液固比实际上是依靠调节原矿浆混合槽中加入的循环母液量来进行的。

原矿浆液固比的调节依据通常包括技术规程所规定的原矿浆液固比、技术规程所规定的氧化铝溶出率和溶出液苛性比值。例如，当配料操作正确时，原矿浆液固比值 L/S 应处于技术规程所规定的指标范围 $a\sim b$ 内。当 $L/S<a$ 时，说明液固比偏低，应提高加入混合槽的循环母液量；当 $L/S>b$ 时，说明液固比偏高，应减少加入混合槽的循环母液量。同样，当配料正确时，溶出率 η_A 和溶出液苛性比值 α_{K2} 应处于技术规程所规定的指标范围内。当 η_A 正常，α_{K2} 偏高时，说明配碱量过多，应减少加入混合槽的循环母液量；当 η_A 偏低，α_{K2} 不高时，说明配碱量不足，应提高加入混合槽的循环母液量。

目前，也有氧化铝厂采用定期现场取样，在化验室中分离固液两相后称量，再计算矿浆液固比。还有的氧化铝生产厂拜耳法配料系统实现了自动控制，通过在线检测和 PLC 控制技术对配料生产过程进行实时检测、控制和管理。开发了矿石自动取样装置，利用中子活化技术对矿石成分进行在线分析，实现了母液成分、母液密度、矿浆密度的在线检测及计量，并由计算机根据矿浆密度、母液密度和入矿固体密度三者计算出矿浆液固比。通过采用 PID 控制器与模糊控制器并列转换形式，对原矿浆液固比实现了自动控制。

2.5　磨　矿

磨矿即为原矿浆的磨制，其目的是使固体物料进一步的细化，并且保证参与化学反应物料之间更充分地均匀混合；同时合理调节矿浆的液固比，为溶出工序制备出满足生产要求的合格原矿浆。

2.5.1　磨矿的流程

在磨矿作业中，磨机通常与分级设备组成闭路。首先矿石要与石灰、循环母液一起进入磨机内进行混合湿磨，并在混合槽中调节矿浆液固比，随后在分级设备中进行粒度分级，粒度合格的物料进入下一个作业，粗粒级物料返回磨机再磨，最终得到合格的原矿浆，因此这道工序也是拜耳法的配料工序。与图 2-3 的流程类似，国内某氧化铝厂原矿浆磨制的工艺流程如图 2-11 所示。

2.5.2　湿磨的主要设备——磨机

湿磨所用的核心设备为磨机，我国某氧化铝厂原矿浆制备用磨机如图 2-12 所示。

2.5.2.1　磨机的工作原理

矿石在磨机中磨碎的基本原理为：磨机以一定转速旋转时，处在筒体内的磨矿介质（研磨体）由于旋转时产生离心力，致使它与筒体之间产生一定摩擦力。摩擦力使磨矿介

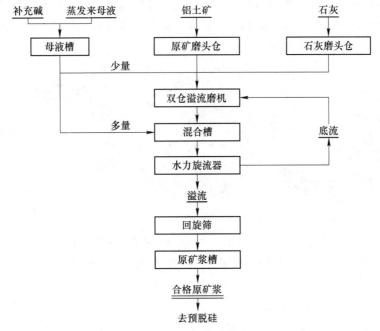

图 2-11 国内某氧化铝厂原矿浆磨制的工艺流程

图 2-12 原矿浆制备用磨机

质随筒体旋转，并到达一定高度。当其自身重力产生的向心分力大于离心力时，就脱离筒体抛射下落，从而击碎矿石。同时，在磨机运转过程中，磨矿介质还有滑动现象，对矿石也产生研磨作用。所以，磨矿中矿石在磨矿介质产生的冲击力和研磨力联合作用下进行细粉碎。

图 2-13 所示为磨机在三种转速时磨矿介质的运动情况。当处于低速运转状态时，由于磨矿介质处于滚动状态，不能对矿石形成大的冲击作用，主要以研磨作用为主，容易造成对小颗粒过磨而对大颗粒则没有破碎作用；当处于离心运转状态时，由于钢球受较大离心力作用，钢球沿着筒壁做圆周运动而不能对矿石产生冲击和研磨作用；当处于正常运转

状态时，磨机转速适中，磨矿介质会提升到一定高度后抛落下来，此时磨矿介质对物料有较大冲击和研磨作用，磨粉效率最高。磨矿介质提升的高度与抛落的运动轨迹，主要取决于磨机的转速率和磨矿介质的填充率。

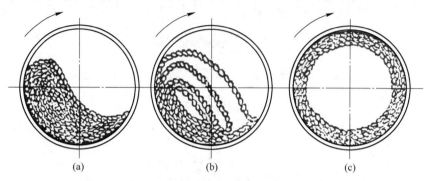

图 2-13　磨机在不同工作转速时磨矿介质的运动状态

（a）低速运转；（b）正常转速运转；（c）离心运转

2.5.2.2　磨机的工作参数

A　磨机转速率

磨机临界转速 n_0(r/min) 是指磨矿介质开始发生"离心运转"的磨机转速，由理论推导可得磨机的临界转速的公式为：

$$n_0 = \frac{42.2}{\sqrt{D}}$$
（2-13）

式中，D 为磨机筒体内有效直径，等于筒体内径减去衬板厚度的 2 倍。

磨机转速率指磨机实际工作转速 n(r/min) 与其理论临界转速 n_0(r/min) 的百分比值。在实际的磨机转速选取时，磨机转速率常在 75%~80% 为好。

B　磨矿介质填充率

磨矿介质有钢棒、钢球和钢段，球磨机常用的钢球直径为 40~150mm，钢球直径 $d \geqslant 0.04D$。

钢球的填装数量由填充容积来决定，一般磨机的填充容积按磨机总填充容积的 30%~35% 来考虑。提高磨矿介质填充率，在一定条件下可以增加磨机产量。但是填充率过高会使溢流型球磨机的磨矿介质有从中空轴颈排出的可能；内层钢球的数量增多，降低粉碎作用；且抛落钢球的落点处钢球堆积过高，减缓了钢球的冲击，使产量和粉碎效率降低。

湿法球磨机中，磨矿介质填充率大致以总填充容积的 40% 为界限，大于 40% 的为高填充率。格子型球磨机的填充率为 40%~45%，以 45% 的居多；溢流型球磨机的填充率取 40%。

磨矿介质装入磨机时，要采用不同尺寸的钢球或钢棒，并按一定比例组成，也称配比。为了提高磨矿效率，磨矿介质的尺寸配比很重要，如粒度大的给料需要装入较多直径较大、冲击和研磨作用较强的钢球。但大钢球对物料的粉碎次数比小钢球少，比表面积也比小钢球的小。小钢球对筒体的磨损较少，但价格较高，使用寿命较短。磨矿介质的容积密度近似值见表 2-5。

表 2-5 磨矿介质的容积密度近似值

磨矿介质规格/mm	容积密度/t·m^{-3}	磨矿介质规格/mm	容积密度/t·m^{-3}
钢球 ϕ30	4.90	钢球 ϕ70	4.49
钢球 ϕ40	4.74	钢球 ϕ80	4.40
钢球 ϕ50	4.60	钢段	4.60
钢球 ϕ60	4.56	燧石球	1.64

2.5.2.3 磨机的类型

工业上采用的磨机种类很多，分类的方法也很多。

根据是否利用磨矿介质可分为：

（1）有介质磨矿机，内装球或棒。

（2）无介质磨矿机又称为自磨机，不装介质或装有很少的介质，主要依靠矿石的自磨完成磨矿过程。

按照磨矿介质可分为：

（1）球磨机，磨矿介质为金属球。

（2）棒磨机，磨矿介质为金属棒。

（3）砾石磨，磨矿介质为砾石、卵石、瓷球、燧石等。

按照排料方式可分为：

（1）溢流型磨矿机，通过中空轴排料。

（2）格子型磨矿机，借助排料端格子板的作用排料。

（3）周边排料式磨矿机，通过筒体周边排料。

按照长径比可分为：

（1）短筒体磨机，筒体 $L/D \leqslant 2.0$。

（2）长筒体磨机，筒体 $L/D \geqslant 2.0$；当 $L/D>4$ 时称为管磨机。

（3）圆锥形磨机，筒体 $L/D = 0.25 \sim 1.0$。

根据磨矿作业方式可分为：

（1）干磨，入磨物料均为固体。

（2）湿磨，入磨原料除矿石等固体物料外还有循环母液，在磨机内制成矿浆。

根据传动方式可分为中心传动磨机和边缘传动磨机。

2.5.2.4 磨机的结构

以单仓球磨机为例，其结构由给料部、进料部、轴承部、筒体部、出料部、传动部等组成，结构如图 2-14 所示。

A 给料部

磨机给料是倾斜式溜槽送料，其仰角要大于所磨物料的静摩擦角。斜溜槽断面下半部以半圆形为好（无死角），方形也能使用。给料溜槽和进料部连接处有密封装置，一般使用密封填料（石棉绳、石墨填料）将连接处密闭。其作用是防止进料时，物料由于下料后在进料部堆积而往外倒料。也有在进料部轴颈空心处装上螺旋进料器或勺式给料器，将

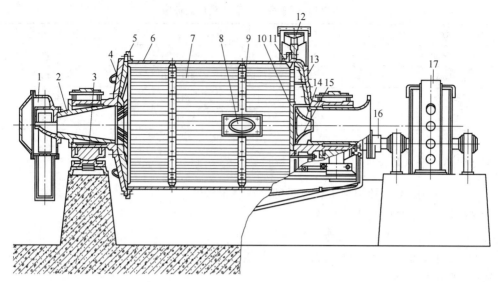

图 2-14　φ2700mm×3600mm 格子型球磨机

1—给料部（勺式喂料器）；2—进料部；3—主轴承；4—扇形衬板；5，13—端盖；
6—筒体；7—筒体衬板；8—人孔；9—楔形压条；10—中心衬板；11—排料格子板；
12—大齿轮；14—锥形体；15—螺栓；16—弹性联轴器；17—电动机

给料部内的物料和液体挖入进料部。

B　进料部

为了更好地输送物料，进料端空心轴内装有一铸钢衬套。衬套上铸有螺旋推进线，螺旋线是左旋还是右旋要根据磨机转动方向而定，但必须使物料能通过螺旋推入磨机筒体内。

C　轴承部

前后主轴承为空心轴，是由半圆形滑动轴承所支承，即轴承下部有半圆形的轴瓦，轴衬材料为轴承合金。轴承座上部有油管向轴上喷淋润滑油以起润滑和冷却作用。轴承底座在球磨机进料端可以沿轴向滑动，用于解决磨机工作时温度上升导致磨机筒体受热膨胀问题，它可以避免由于限制膨胀伸长而产生的轴向温度膨胀应力。

D　筒体部

筒体是用普通 Q235A 钢板卷制而成，筒体两端有大法兰和铸钢制的磨端盖连接。筒体的出料端即在出料处的端盖和筒体连接处有筛板以阻止钢球和钢段流出出料端。筒体内装有一定质量、按一定比例配比直径为 25～150mm 的钢球或钢段作为研磨体。筒体内衬有一定形状和材质的衬板，不仅可以防止筒体遭受磨损，而且衬板的形状影响钢球的运动规律，从而影响粉磨效率。衬板材质有高锰钢、高铬铸铁、中锰球铁和橡胶等，衬板的厚度通常为 50～130mm。衬板和筒体之间垫有胶合板、橡皮垫、石棉橡胶垫等。衬板一般用螺栓固定在筒体上，螺帽下面有橡胶圈和金属垫圈，防止料浆漏出。筒体上有人孔，停机后打开密闭的人孔盖，可以进去更换衬板、隔板、筛板或补充钢球钢段。

E　出料部

空心轴出料端内装有一个斜截头圆锥形铸钢衬套，衬套上铸有螺旋叶片，衬套外装有一固定不转动的筛网。料或料浆从衬套中流出经过筛网筛出磨小的钢球、钢段后流出磨机外。

　　F　传动部

单仓球磨机一般是边缘传动，现也有中心传动的。在筒体出料端和端盖连接处有大齿圈。电动机通过联轴器及减速器与高速轴连接，也有用同步电机通过齿轮联轴器带动小齿轮传动筒体大齿圈的。减速器低速轴处也是通过联轴器和小齿轮连接，带动小齿轮转动促使大齿圈和小齿轮啮合传动回转而将筒体回转起来。边缘传动可以根据地点，安装需要制成右传动、左传动两种。

2.5.2.5　影响磨机生产效率的因素

影响磨机生产效率的因素很多，除磨机的类型、直径、转速、衬板形式等自身因素外，还有很多的外部影响因素。对于选定的磨机，其生产效率的主要影响因素如下：

　　(1) 矿石的可磨性。矿石的矿物组成及其物理性质对磨机生产效率有很大的影响。矿石对磨机生产效率有影响的物理性质主要有结晶性能、硬度、韧度等，以相对数量来表示，称为矿石的可磨度。如果矿石结构致密、晶体微小、硬度大，则这种矿石的可磨度大，比较难磨。

　　(2) 给矿粒度和产品细度。当矿石的可磨性相同、要求的产品细度一样时，给矿粒度越小，磨机的生产效率越高；当矿石的可磨性相同、给矿粒度相同时，产品细度要求得越细，磨机的生产效率越低。

　　(3) 各种入磨物料的比例。入磨的各种物料比例稳定，磨机的生产效率高；反之，则生产效率低。

　　(4) 磨矿介质的大小。磨矿介质的大小取决于磨矿介质的密度、矿石的可磨性、给矿粒度及产品的细度要求等，氧化铝生产中磨机的磨矿介质多为钢球和铸铁球等。一般来说，球径大，则冲击力大，气孔率也大，冲击的次数少，若球径小则相反。为了适应给矿粒度的大小不同变化，兼顾球对矿石的冲击力和冲击次数，同时又考虑矿石在磨机中的粒度越磨越细，故在磨机的同一仓中装入多种规格的球，以适应不同粒度矿石需要的冲击力和磨剥力。

　　(5) 球荷填充率。球荷填充率也称为填充系数，它是指磨矿介质所占的体积（包括孔隙）占磨机总有效容积的百分数。填充率小表示装球量少，填充率大表示装球量大。填充率的大小直接影响磨机的产能和磨矿的技术指标。填充率太小将降低磨机的生产能力；填充率太大，内层球的运动受到干扰，破坏球的正常运动，同时，磨机的有效容积减少，也将降低磨机的生产能力，因此，适宜的填充率应根据试验和生产实践经验确定。在氧化铝生产中，格子型磨机中的填充率一般情况下在43%~46%较好。

　　(6) 磨矿浓度。磨矿浓度以磨机出口矿浆的液固比或固体百分含量（固含）来表示。磨矿浓度过大或过小均对磨矿作业不利，采用格子型磨机磨矿时，排矿浓度的液固比一般情况下应在5.5~5.8较好。

　　(7) 返砂量。进入磨机的总矿量为原矿与返砂量之和，由于磨机的物料通过能力有限，返砂量不宜过多，在一定的给矿量时要稳定返砂量。

2.5.3　矿浆的分级

矿浆分级的基本原理就是利用不同形状、不同密度和不同大小的固体在液体中的沉降速度的差异来分成不同的粒度级别。在磨矿作业中，温磨与分级通常组成闭路流程，以避免磨矿产品的粒度不合格。由磨机排出的矿浆，合乎粒度要求的颗粒经分级后溢流到下一工序，不合乎粒度要求的较粗颗粒分级后成为返砂，送回磨机再磨。与磨机组成闭路的分级设备通常有耙式分级机、浮槽分级机、螺旋分级机和水力旋流器，目前广泛采用的是后面两种。

2.5.3.1　螺旋分级机

螺旋分级机分为高堰式、低堰式和沉没式三种。根据螺旋数目不同，又可分为单螺旋和双螺旋两种。高堰式螺旋分级机的溢流堰比下端轴承高，但低于下端螺旋的上边缘；它适合于分离出 0.15~0.20mm 级的粒级，通常用在第一段磨矿，与磨矿机配合。沉没式螺旋分级机的下端螺旋有 4~5 圈全部浸在矿浆中，分级面积大，利于分出 0.15mm 细的粒级，常用在第二段磨矿与球磨机构成机组。低堰式螺旋分级机的溢流低于下端轴承中心，分级面积小，只能用于洗矿或脱水，现已很少用。而拜耳法磨矿中常采用沉没式螺旋分级机。

图 2-15 给出了沉没式双螺旋分级机结构示意图。螺旋分级机有一个倾斜的半圆形分级槽，槽中装有两个螺旋，它的作用是搅拌矿浆并把沉砂运向斜槽的上端。螺旋叶片与空心轴相连，空心轴支承在上下两端的轴承内。传动装置安装在槽子的上端，电动机经伞齿轮使螺旋转动。下端轴承装在升降机构的底部，可转动升降机构使它上升或下降。升降机构由电动机经减速器和一对伞齿轮带动丝杆，使螺旋下端升降。当停车时，可将螺旋提取，以免沉砂压住螺旋，使开车时不至于过负荷。

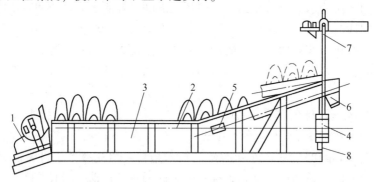

图 2-15　沉没式双螺旋分级机结构示意图
1—传动装置；2—纵向长轴；3—水槽；4—轴承；5—给矿口；6—溢流口；7—轴承升降机构；8—放料阀

螺旋分级机的工作原理为：从槽子侧边进料口给入水槽的矿浆，在向槽子下端溢流堰流动的过程中，矿粒开始沉降分级，细颗粒因沉降速度小，呈悬浮状态被水流带经溢流堰排出，成为溢流；而粗颗粒沉降速度大，沉到槽底后被旋转的螺旋叶片运至槽子上端，成为返砂，送回磨机再磨。图 2-16 给出了螺旋分级机的工作原理示意图。

螺旋分级机比其他分级机优越，因为它构造简单、工作平稳可靠、操作方便、返砂含

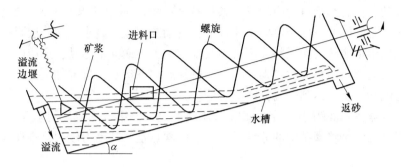

图 2-16　螺旋分级机工作原理示意图

水量低、易于与磨机自流连接，因此常被采用。它的缺点是下端轴承易磨损和占地面积较大等。

2.5.3.2　水力旋流器

水力旋流器是由上部筒体和下部锥体两大部分组成的非运动型分级设备，其分级原理利用离心力来加速矿粒沉降。水力旋流器主要由给料管、上部筒体、溢流管、下部锥体、沉沙（底流）口、溢流排出管等组成。图 2-17 给出了水力旋流器的结构及其工作示意图。

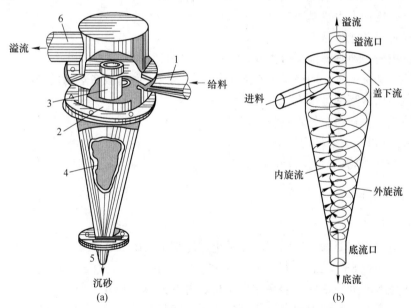

图 2-17　水力旋流器的结构及其工作原理示意图
（a）水力旋流器的结构；（b）水力旋流器的工作原理
1—给料管；2—上部筒体；3—溢流管；4—下部锥体；5—沉沙（底流）口；6—溢流排出管

水力旋流器的工作原理为：当待分离的料浆（非均相固液混合物）以一定的压力从旋流器周边进入旋流器后被迫做回转运动。由于料浆受到的离心力、向心浮力、流体力等大小不同，其中的固体粗颗粒克服水流阻力向器壁运动，并在自身重力的共同作用下，沿器壁螺旋向下运动，细而小的颗粒及大部分水则因所受的离心力小，未及靠近器壁即随料浆做回转运动。在后续给料的推动下，颗粒粒径由中心向器壁越来越大，形成分层排列。随着料浆从旋流器的柱体部分流向锥体部分，流动断面越来越小，在外层料浆收缩压迫之下，含有大量细小颗粒的内层料浆不得不改变方向，转而向上运动，形成内旋流，自溢流管排出，成为溢流；而粗大颗粒则继续沿器壁螺旋向下运动，形成外旋流，最终由底流口排出，成为沉砂，从而达到分离分级的目的。

水力旋流器占地面积小、价格便宜，处理量大，分级效率高，可获得很细的溢流产品，多用于第二段闭路磨矿中的分级设备。它的缺点是消耗动力较大，且在高压给矿时磨损严重等。

2.5.4　磨矿作业实践操作

下面以国内某氧化铝厂原料制备生产为例，介绍磨矿作业实际操作方法。

2.5.4.1　开车前准备

开车前准备步骤如下：

（1）联系电工检查电气绝缘是否合格。

（2）检查流程是否正确。

（3）检查磨机润滑系统油箱油位、油压是否正常。

（4）检查冷却水水量是否充足。

（5）检查慢转状态是否处于脱离状态。

（6）检查设备地脚螺栓是否紧固。

（7）检查磨机上下、周围是否有人工作，现场有无妨碍设备运行的杂物。

（8）检查回转筛网是否完好、有无堵塞。

（9）检查磨头仓料位是否具备开车条件。

（10）检查相关槽泵是否具备开车条件。

（11）检查旋流器是否具备开车条件。

2.5.4.2　开车步骤

开车步骤如下：

（1）根据主控室要求，启动润滑油系统和冷却水系统。

（2）停车超过8h，必须翻磨，具体步骤：配合主控室合上慢驱齿轮，开启慢驱电动机，使磨机筒体转动2~3圈，停慢驱电动机，并脱开慢驱齿轮。

（3）配合主控室启动中间泵、各槽搅拌泵，使其运转正常。

（4）配合主控室启动磨机等设备。

（5）在确保返砂溜槽畅通的情况下，配合主控室调整入磨碱液量来调整矿浆的浓度和细度。

（6）配合主控室启动皮带给磨机喂料，根据要求调整下料量。

2.5.4.3　正常操作

正常操作如下：

（1）根据化验分析结果及时调控指标，使其达到要求范围。

（2）下料量波动大于 5t/h 要及时调整，断料不得超过 10min。

（3）按照主控要求进行皮带秤倒秤。

（4）密切关注各溜槽、下料口和管道是否畅通。

2.5.4.4　正常停车步骤

正常停车步骤如下：

（1）根据主控室要求，停下给料皮带。

（2）配合主控室，停磨机，停中间泵和碱液泵，停磨机的润滑油泵、回转筛、排风机、缓冲泵等设备，停磨机的冷却水系统。

（3）各槽子打空后停搅拌装置和泵。

（4）停磨后检查紧固部位螺丝是否松动，各管道、溜槽、槽体有无泄漏，旋流器有无异常，电源控制箱仪表是否完好。

（5）根据具体情况确定是否放料。

（6）根据情况安排对磨机螺栓进行紧固，磨机停车后每 8h 需翻磨一次。

2.5.4.5　紧急停车及汇报、处理

磨机系统保护跳停主要有过电流、低电压、润滑低油压三种保护措施，出现系统保护跳停应：

（1）立即停止给料机下料，停中间泵，关闭入磨碱液阀门。

（2）联系电工检查处理。

（3）查明跳停原因，排除故障。

（4）故障排除后按正常开车步骤启动磨机。

（5）若停车时间较长，要启动慢转电动机翻磨 2~3 圈。

2.5.4.6　巡检路线

磨头碎矿仓→磨头石灰仓→给料机→给料皮带→润滑油站→中间池→中间泵→矿浆泵→母液泵→磨机慢驱电动机、减速机→磨机电动机→磨机减速机→磨机轴承→磨机筒体→磨机进料口→水力旋流器→回转筛→矿浆槽搅拌→碱液槽。

2.5.5　磨矿常见的故障及处理方法

磨机"胀肚"是磨矿常见的生产故障。磨机"胀肚"故障的现象有：

（1）主电机电流表指示电流下降。

（2）磨机排矿"吐"大块，矿浆涌出。

（3）分级机溢流"跑粗"现象严重，返砂量明显增大。

（4）磨机运转声音沉闷，几乎听不见钢球的冲击声。

磨机"胀肚"故障的原因有：磨机的"胀肚"主要是因为磨机设备的工作失调导致。因为一定规格与型式的磨机，在一定的磨矿条件下，只允许一定的通过量。如果矿石性质发生变化，或是增大给矿量、给矿粗度和返砂比，便会超过磨矿机本身的通过量，因此导

致"消化不良"现象。由于使用操作不当,也会导致磨机"胀肚"。例如,磨矿用水量掌握不当,便会直接影响磨矿的浓度,而磨矿浓度高,就有可能引起磨机"胀肚",还有磨矿介质的总装入量或球径配比的参数不合理等也会导致磨机"胀肚"。

磨机"胀肚"故障的处理方法。当出现磨机"胀肚"现象时,可以减少磨机给矿量或短时间的停止给矿,这样能够减轻磨机的工作负荷,减少磨机通过的矿量。解决故障的关键是要分析矿石性质的变化情况,查看磨机的给矿量、给水量、磨矿介质填充情况、返砂量及溢流粒度是否正常,只有找出故障原因,才能"对症下药",解决问题。

2.5.6　磨矿生产的影响因素和操作技术

影响磨矿-分级机组生产过程的因素很多,大致可概括为三类。

(1) 矿石性质,包括硬度、含泥量、给矿粒度、磨矿产品细度等。

(2) 磨机结构,包括磨机型式、规格、转速、衬板形状等。

(3) 操作条件,主要有磨矿介质(形状、密度、尺寸和配比、充填系数)、矿浆浓度、返砂比以及分级效率等。

这三类因素中,有些参数(如设备类型、规格、磨机转速、给矿粒度等)在生产过程中是不能轻易变动的,有些则需经常调整,并通过调整使机组在适宜条件下运行,如磨矿介质的装入制度、分级效率及返砂比、磨矿浓度和球料比等。一旦这些参数控制不协调,有可能导致磨机消化不良,即常见的磨机"胀肚",也可能导致矿石过磨等严重的问题。

2.6　原料制备的主要质量技术标准

下面以国内某氧化铝厂生产为例,介绍原料制备的主要质量技术指标。

(1) 确保磨头仓矿石供应。

(2) 按照生产要求比例对不同品位矿石进行配矿。

(3) 保证进入磨头仓铝土矿粒度不大于200mm。

(4) 铝土矿中严禁混入泥土、石灰石、钢铁等杂物。

(5) 保证进入磨头仓的铝土矿 A/S 值均匀且在规定范围。

(6) 保证磨头仓料位居中。

(7) 进厂区石灰指标标准:石灰粒度小于或等于40mm,石灰 CaO 含量大于85%。

(8) 碎石灰指标:入厂石灰入仓存放,粒度和成分均匀,严禁混入泥土、煤、钢铁等杂质物,碎石灰粒度小于或等于25mm。

(9) 石灰乳制备系统工艺技术指标:石灰乳有效钙 CaO_f 质量浓度不小于150g/L,石灰乳固含在300g/L以下。

(10) 原矿浆固含:(300±20)g/L,根据公司区域要求进行调整,固含是矿浆液固比的另一种表现形式。

(11) 原矿浆细度:生产中规定 $-63\mu m$ 粒级的在 68%～76%, $-315\mu m$ 粒级的达100%。

(12) 入磨铝土矿 A/S 值:8±1.5。

（13）入磨铝土矿氧化铝含量：一般要求在 50% 以上。

（14）入磨铝土矿含水率：生产要求最佳在 5% 以下。因为矿石含水量多会增加矿石运输成本，易造成皮带运输过程中下料口堵塞，同时也会有降低碱浓度，增加碱循环量，增大蒸发工序压力等问题。

（15）原矿浆冲淡（ΔN_K）：把循环母液中苛性碱浓度（$N_{K母}$）与经过磨矿、输送、储存后的原矿浆液相苛性碱浓度（$N_{K矿}$）之间的差值称为矿浆冲淡。它是生产过程中重要的技术指标和经济指标，降低矿浆冲淡是降低磨矿系统碱循环量的重要途径，$\Delta N_K = N_{K母} - N_{K矿}$，$\Delta N_K \leqslant 15g/L$。

（16）原矿浆钙硅比 C/S 值：在 1.0~1.2，可以根据该指标调节石灰配入量。

（17）原矿浆苛性碱浓度 N_K：由蒸发来的循环母液苛性碱浓度在 320~360g/L，经磨矿配液之后会略有降低。

拓展阅读——新中国第一块桥梁钢

薪火相传，自强不息，中国钢铁业在沧桑巨变中百折不回，折射出一个农业大国迈向工业大国的不懈追求。新中国成立时，人均钢产量不够打一把菜刀。今天，中国的粗钢产量已经连续 25 年位居世界第一。钢铁力量，托举起一个强大中国，这背后是一个个从零起步、从无到有的跨越。

鞍钢，新中国钢铁工业史上壮美的一页。70 多年前，历经战火的鞍钢回到人民手中时，外国专家曾断言：这里只能种高粱，恢复重建至少需要 20 年。然而短短半年多，鞍钢在一片废墟中重新站起，成为新中国第一个恢复生产的大型钢铁企业。在新中国第一块桥梁钢的资料中，"自力更生"这四个字格外醒目。新中国第一座跨越长江的武汉长江大桥已经在 1957 年通车，但当时的桥梁钢还全部来自苏联。为了结束不能独立自主生产桥梁钢的历史，国家将自主研发桥梁钢的任务交给了鞍钢。

用中国工业自己的力量跨越天堑，关键核心技术攻关一天也不能耽误。鞍钢一次调集 15 名经验丰富的火焰工进行攻关，这在当时可谓是壮举。火焰工是每个钢铁企业的扛把子，老火焰工看一眼钢水的颜色就能判断出温度高低。为了啃下桥梁钢这块硬骨头，鞍钢集结了全厂的力量，技术难关要一个一个去突破。建设南京长江大桥所需的 16Mn 桥梁钢，要求具有优秀的强度、韧性和焊接性能，这是鞍钢从来没生产过的钢种。带着光荣的国家使命，鞍钢全体员工日夜兼程、攻克难题，终于研发出 16Mn 桥梁钢。

在当时有限的技术装备条件下，鞍钢人生产出 6.6 万吨优质桥梁钢，一举铸就了举世瞩目的南京长江大桥。1968 年 12 月，大桥全面通车，当 80 辆坦克、60 辆各型汽车通过时，桥面纹丝不动，60 万群众目睹了这一盛况。长江上第一座由中国自行设计、自主建造的大桥成为一个时代卓然而立的标志。南京长江大桥是一个伟大的工程试验场，它不仅打破了此前外国专家南京不可能修建长江大桥的断言，也推动了中国桥梁建设进入快车道。在钢铁的助力下，今天，万里长江上一百多座大桥跨越天堑、连接南北，创下一个又一个桥梁史上的世界之最。

3 拜耳法溶出

3.1 拜耳法溶出概述

铝土矿溶出是拜耳法生产氧化铝过程的核心工序，溶出的目的就是根据铝土矿的资源特点，选择适宜的温度、压力等溶出条件，使矿石中的 Al_2O_3 尽可能多地被苛性碱溶解进入铝酸钠溶液，矿石中 SiO_2、Fe_2O_3、TiO_2 等杂质则进入不溶固相，进而实现 Al_2O_3 与其他杂质矿物的分离，并同时得到一定苛性比值的溶出液和具有良好沉降性能的赤泥，为后续工序创造良好的操作条件。

图 3-1 给出了国内某氧化铝厂高压溶出生产区的工艺流程。

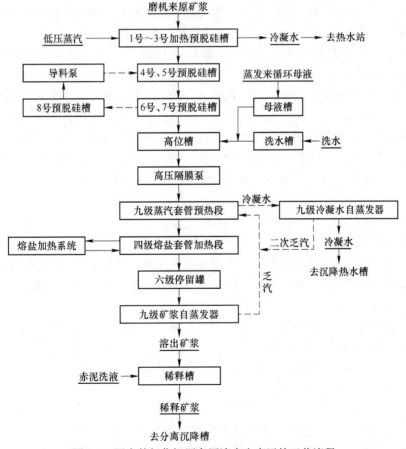

图 3-1　国内某氧化铝厂高压溶出生产区的工艺流程

原料制备区来的原矿浆经八级预脱硅槽预脱硅后用矿浆泵送往高位槽，在高位槽内矿浆与母液槽中的母液混合完成二次配料，以降低矿浆固含，保证溶出效果。二次配料好的矿浆经高压隔膜泵送入九级套管预热器中，并由自蒸发来的二次蒸汽（乏汽）预热到210℃以上。预热后的矿浆送入四级套管加热器中由高温熔盐加热到270℃左右的溶出温度，达到溶出温度的矿浆进入六级保温停留罐中充分反应后得到溶出矿浆。溶出矿浆再经九级矿浆自蒸发器降温降压后送入稀释槽稀释，而由自蒸发器产生的乏汽则送到相应的套管预热器中预热矿浆，乏汽经热交换后产生的冷凝水储存在冷凝水自蒸发器中，冷凝水自蒸发器产生的二次乏汽再与一次乏汽混合进入套管预热器中预热矿浆，冷凝水则用泵送往沉降系统。

3.2　原矿浆预脱硅

拜耳法溶出一水硬铝石型铝土矿时，如果大量含硅矿物在热交换器（溶出管道或高压反应釜）中溶解析出，将会造成大量的硅渣结疤，这些结疤会附着在热交换器的器壁上，大大降低了传热系数和热交换效率。同时因结疤积累也会增大设备的清理量，使清理周期缩短。在分解阶段含硅物质还会与氢氧化铝一起分解，影响氧化铝的质量。因此，必须在高压溶出前使铝土矿中一部分含硅矿物提前发生溶解和脱硅反应而生成含水铝硅酸钠固相（钠硅渣）。避免在热交换器中产生大量结疤，减少溶出负担。

预脱硅过程并不是所有的含硅矿物都能参加反应，只有高岭石和多水高岭石（$Al_2O_3 \cdot 2SiO_2 \cdot 2H_2O$）这些活性的含硅矿物才能发生预脱硅反应。预脱硅通常在预脱硅槽内进行，主要是对原矿浆加热到95~105℃，再经6~12h的保温，使矿浆中的高岭石等含硅矿物首先被溶解，然后再与铝酸钠溶液反应生成钠硅渣。该过程保持较长时间，可以使生成钠硅渣的反应进行得更充分。预脱硅过程发生的两个反应如下：

$$Al_2O_3 \cdot 2SiO_2 \cdot 2H_2O + 6NaOH =\!=\!= 2NaAlO_2 + 2Na_2SiO_3 + 5H_2O \tag{3-1}$$
$$1.7Na_2SiO_3 + 2NaAlO_2 + (1.7+n)H_2O =\!=\!= Na_2O \cdot Al_2O_3 \cdot 1.7SiO_2 \cdot nH_2O\downarrow + 3.4NaOH \tag{3-2}$$

式（3-1）为溶解反应，式（3-2）为脱硅反应。

预脱硅的流程如图3-2所示。

预脱硅常用的工艺参数有预脱硅时间和预脱硅温度，预脱硅主要的质量技术指标为预脱硅率。如国内某氧化铝厂规定预脱硅时间在6~12h，脱硅温度在95~105℃，预脱硅率大于或等于30%。

所谓的预脱硅率是指预脱硅后固相中已发生相变生成脱硅产物中SiO_2量占预脱硅体系全部SiO_2量的百分数。预脱硅后发生相变的脱硅产物通常为不溶性含水铝硅酸钠$Na_2O \cdot Al_2O_3 \cdot 1.7SiO_2 \cdot nH_2O$，则预脱硅率可表示为：

$$\eta_{Si} = \frac{S_{产}}{S_{矿}} \times 100\% \tag{3-3}$$

式中，$S_{产}$，$S_{矿}$分别为已发生相变的脱硅产物和原矿浆固相中SiO_2的含量。

常规预脱硅率的确定方法为：先用稀酸溶解法测定预脱硅后已发生相变的脱硅产物固相的SiO_2（酸溶硅）含量$S_{酸}$，再用碱溶解法测定预脱硅后固相的SiO_2（碱溶硅）含量$S_{碱}$，则$S_{产} \approx S_{酸}$、$S_{矿} \approx S_{碱}$，代入式（3-3）就可算出预脱硅率。

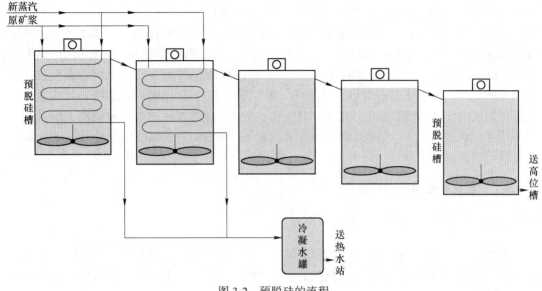

图 3-2 预脱硅的流程

3.3 拜耳法溶出的原理

为清晰了解溶出过程，可将溶出化学反应分为主反应和副反应两大类，主反应为氧化铝水合物的溶出反应，副反应为各种杂质在溶出过程中的行为。在高温高压的条件下，通过主副反应，铝土矿中的氧化铝和苛性碱充分作用溶解生成铝酸钠溶液，而其他杂质不溶解或者生成不溶性物质而保留在固相赤泥中，从而实现有用成分与杂质的有效分离。

3.3.1 氧化铝水合物在溶出过程中的行为

不同类型的铝土矿由于其氧化铝水合物的结构和组成不同，它们在苛性碱溶液中的溶解度和溶解速度并不相同。常压下，三种类型的铝土矿在苛性碱溶液中的溶解难易程度为：三水铝石型铝土矿＜一水软铝石型铝土矿＜一水硬铝石型铝土矿。但是当对不同的铝土矿采取不同的溶出条件时，三种类型铝土矿中的氧化铝水合物都能被苛性碱溶解而生成铝酸钠溶液。

常压下，三水铝石型铝土矿：

$$Al(OH)_3 + NaOH \xrightarrow{>100℃} NaAl(OH)_4 \tag{3-4}$$

高温高压下，一水软铝石型铝土矿：

$$\gamma\text{-}AlOOH + NaOH + H_2O \xrightarrow{>200℃} NaAl(OH)_4 \tag{3-5}$$

高温高压下配加石灰，一水硬铝石型铝土矿：

$$\alpha\text{-}AlOOH + NaOH + Ca(OH)_2 + H_2O \xrightarrow{>240℃} NaAl(OH)_4 + Ca(OH)_2 \tag{3-6}$$

在溶出一水硬铝石型铝土矿时，加入一定量的石灰，除了用于去除 TiO_2 外，还可以促进一水硬铝石的溶解，式（3-6）右侧的 $Ca(OH)_2$ 并不是反应的最终产物，仍继续反应，主要生成水合铝硅酸钙和水合钛酸钙。

通常情况下，三水铝石型铝土矿典型的工业溶出温度为 140~165℃ ，母液中的 N_K 为

$100\sim140g/L$。在此条件下矿石中的三水铝石就能迅速地溶解于溶液，满足工业生产的要求。相对于三水铝石矿，一水软铝石型铝土矿的溶出条件要苛刻得多，至少需要200℃的溶出温度。为了有较快的反应速度，工业生产上对一水软铝石型铝土矿实际采用的温度一般为215~270℃，N_K一般在180g/L左右。在所有类型的铝土矿中，一水硬铝石型铝土矿是最难溶出的。一水硬铝石型铝土矿的溶出通常需要240℃以上的溶出温度，其典型的工业溶出温度为260~280℃，N_K为200~245g/L。当然，随着温度的进一步提高，所需的苛性碱浓度可以适当降低。如在280℃的溶出温度下，母液的苛性碱浓度降至180g/L，即可保证有较快的反应速度。

3.3.2　二氧化硅在溶出过程中的行为

3.3.2.1　SiO_2在铝土矿中的存在形式

铝土矿中的SiO_2一般以石英（SiO_2）、蛋白石（$SiO_2 \cdot nH_2O$）、高岭石（$Al_2O_3 \cdot 2SiO_2 \cdot 2H_2O$）等形态存在。在处理一水硬铝石型铝土矿时，高岭石等含硅矿物通常在预脱硅阶段发生溶解和析出，化学反应见式（3-1）和式（3-2），而蛋白石、石英等含硅矿物都在氧化铝溶出之前开始溶解。

3.3.2.2　SiO_2在溶出时的反应

SiO_2在溶出过程中的行为如图3-3所示，主要包括了溶解反应和脱硅反应两个阶段。

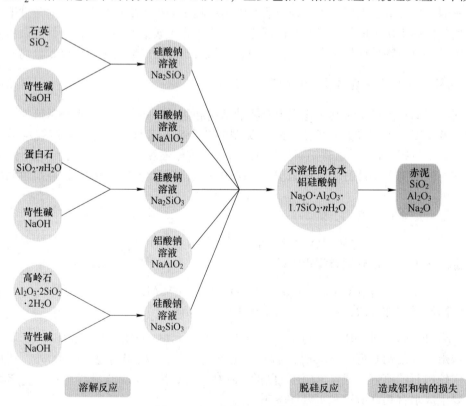

图3-3　SiO_2在溶出过程中的行为

A 溶解反应

由于矿物形态、粒度、苛性碱浓度及温度的不同，含硅矿物与苛性碱的反应也不同。

石英的溶解：石英（SiO_2）化学活性小，在180℃以上会与苛性碱反应生成可溶性的硅酸钠，化学反应式如下：

$$SiO_2 + 2NaOH \xrightarrow{>180℃} Na_2SiO_3 + H_2O \tag{3-7}$$

在处理一水硬铝石型铝土矿时，由于溶出温度高（超过240℃），所以石英会在氧化铝溶出之前开始溶解。但是在处理三水铝石型铝土矿时，溶出温度在145~165℃，因此石英不会发生溶解反应而直接进入赤泥。

蛋白石的溶解：无定形的蛋白石（$SiO_2 \cdot nH_2O$）较石英更易溶解于苛性碱溶液，其反应式如下：

$$SiO_2 \cdot nH_2O + 2NaOH \longrightarrow Na_2SiO_3 + (n+1)H_2O \tag{3-8}$$

溶出一水硬铝石型铝土矿时，各种形式的含硅矿物与苛性碱反应，均以硅酸钠的形式进入溶液，这种反应称为溶解反应。

B 脱硅反应

上述溶解反应生成的硅酸钠会与溶液中的铝酸钠反应生成不溶性含水铝硅酸钠固相而进入赤泥，其化学反应式为：

$$1.7Na_2SiO_3 + 2NaAlO_2 + (1.7+n)H_2O \longrightarrow Na_2O \cdot Al_2O_3 \cdot 1.7SiO_2 \cdot nH_2O \downarrow + 3.4NaOH \tag{3-9}$$

这一反应称为脱硅反应。从这个反应可见，铝土矿中的 SiO_2 在溶出时最终会以不溶性的含水铝硅酸钠形式入赤泥，这是造成有用成分 Al 和 Na 损失的主要原因。

3.3.2.3 SiO_2 对生产的危害

SiO_2 是拜耳法生产氧化铝危害最大的杂质，其危害包括：

（1）造成氧化铝和苛性碱的损失。从含水铝硅酸钠的分子式（$Na_2O \cdot Al_2O_3 \cdot 1.7SiO_2 \cdot nH_2O$）可看出，理论上矿石中有1kg的 SiO_2 就会有1kg的 Al_2O_3 和0.608kg的 Na_2O 结合成含水铝硅酸钠进入赤泥而损失，且这种损失是不可避免的。

（2）在热交换器内生成结疤，影响传热和增加清理工作量。

（3）大量钠硅渣产生，增大赤泥量，不利于赤泥的分离和洗涤。

（4）溶液中的 SiO_2 还可能进入产品氧化铝中，影响产品的质量。

3.3.2.4 减轻 SiO_2 危害的措施

减轻 SiO_2 危害的措施如下：

（1）选用铝硅比高的铝土矿，这样矿石中 SiO_2 含量就会减少，含水铝硅酸钠的生成量也就相应减少。

（2）添加适量石灰，含水铝硅酸钠（$Na_2O \cdot Al_2O_3 \cdot 1.7SiO_2 \cdot nH_2O$）会进一步反应生成不溶性含水铝硅酸钙，又称为水化石榴石，化学反应如下：

$$Na_2O \cdot Al_2O_3 \cdot 1.7SiO_2 \cdot nH_2O + 3Ca(OH)_2 \Longrightarrow 3CaO \cdot Al_2O_3 \cdot xSiO_2 \cdot yH_2O + 2NaOH \tag{3-10}$$

溶出时添加石灰，使 SiO_2 生成水化石榴石（$3CaO \cdot Al_2O_3 \cdot xSiO_2 \cdot yH_2O$）进入赤泥。从该分子式可看出，这样会使价格高的苛性碱损失减少，但是氧化铝的损失会增大，氧化铝的溶出率降低。所以是否添加石灰，添加多少石灰，要从经济角度考虑。

3.3.3 二氧化钛在溶出过程中的行为

铝土矿中普遍含有 2% 左右或更多的 TiO_2，TiO_2 一般以金红石、锐钛矿和板钛矿的形态存在，三者的晶型结构不同。

3.3.3.1 TiO_2 在溶出时的反应

不加石灰时：TiO_2 与苛性碱作用生成不溶性的三钛酸钠进入赤泥，造成苛性碱的损失。化学反应如下：

$$3TiO_2 + 2NaOH + H_2O == Na_2O \cdot 3TiO_2 \cdot 2H_2O \downarrow \tag{3-11}$$

添加石灰时：TiO_2 会与 CaO 作用生成不溶性的钛酸钙而进入赤泥，减少了苛性碱的损失。化学反应如下：

$$TiO_2 + CaO + 2H_2O == CaO \cdot TiO_2 \cdot 2H_2O \downarrow \tag{3-12}$$

3.3.3.2 TiO_2 对生产的危害及消除措施

不添加石灰时，TiO_2 在溶出时会与苛性碱作用生成不溶性的三钛酸钠进入赤泥，造成苛性碱的损失。在一水硬铝石型铝土矿溶出时，结晶致密的三钛酸钠会形成一层保护膜把矿粒包裹起来，阻碍一水硬铝石的溶出，使溶出率降低，同时细小的三钛酸钠会成为胶体，恶化赤泥沉降效果。而三水铝石型铝土矿易溶解，在三钛酸钠生成之前三水铝石已经溶解完毕，所以 TiO_2 对三水铝石型铝土矿的溶出没有影响。一水软铝石型铝土矿，可受到一定程度的影响。

消除 TiO_2 危害的主要措施为添加石灰，即在溶出一水硬铝石型铝土矿时加入石灰，TiO_2 会与 CaO 作用生成不溶性的钛酸钙，化学反应见式（3-12）。钛酸钙结晶粗大松脆，易脱落，所以氧化铝溶出不受影响，并且消除了生成三钛酸钠所造成的苛性碱损失。同时，还可以延长溶出时间和提高溶出温度，使三钛酸钠再结晶长大，自动破坏保护膜。

3.3.4 氧化铁在溶出过程中的行为

铝土矿中的氧化铁主要是以赤铁矿（α-Fe_2O_3）形态存在。

在铝土矿溶出的条件下，Fe_2O_3 作为碱性氧化物不与苛性碱作用，Fe_2O_3 及其水合物全部残留于固相而进入泥渣中，使泥渣呈红色，所以溶出的泥渣也称为赤泥。

Fe_2O_3 虽然不进入溶液，也不引起碱和氧化铝的化学损失，但是，矿石中氧化铁含量越大，赤泥量就越大。由于赤泥吸附作用，因此洗涤不净会造成碱和氧化铝的机械损失也就越多。

3.3.5 碳酸盐在溶出过程中的行为

碳酸盐是由铝土矿和质量差的石灰带入生产流程的，通常以 $CaCO_3$、$MgCO_3$ 和 $FeCO_3$

等形式存在。碳酸盐会与苛性碱作用，化学反应式如下：

$$CaCO_3 + 2NaOH + aq \underset{苛化}{\overset{反苛化}{\rightleftharpoons}} Ca(OH)_2 + Na_2CO_3 + aq \tag{3-13}$$

式（3-13）是可逆反应。在溶出作业时，溶液 OH^- 浓度大，$CaCO_3$ 的溶解度高于 $Ca(OH)_2$，因此反应向右进行，使 $NaOH$ 变为 Na_2CO_3，这种作用称为反苛化作用；该作用会造成苛性碱的额外消耗，不利于氧化铝水合物的溶出，同时产生的碳酸钠在蒸发时，会结晶析出黏附在加热管表面上，影响传热，降低蒸发效率。在苛化作业时，OH^- 浓度很低，$CaCO_3$ 的溶解度小于 $Ca(OH)_2$ 的溶解度，反应向左进行，使 Na_2CO_3 变为 $NaOH$，这种作用称为苛化作用，这部分内容将会在第 6 章中做详细介绍。

3.3.6 硫在溶出过程中的行为

硫在铝土矿中主要是以黄铁矿（FeS_2）及其异构体白铁矿和胶黄铁矿的矿物形态存在。硫是氧化铝生产过程中的有害杂质，在碱法生产氧化铝的过程中以 S^{2-}、$(SO_3)^{2-}$、$(S_2O_3)^{2-}$ 等形态进入溶液，在循环过程中最终被氧化成 $(SO_4)^{2-}$，在流程中不断积累，不仅增加碱耗，腐蚀设备（特别是 S^{2-}），而且还破坏蒸发等工序的正常运行。因此，通常拜耳法氧化铝生产工艺中要求矿石中含硫量不超过 0.7%。在我国的贵州、山东、广西和四川等地有相当储量的高硫铝土矿，矿石中硫的含量通常为 1% 左右，难以直接用于氧化铝生产。国内外对利用高硫铝土矿生产氧化铝的研究很多，主要有选矿脱硫、流程中添加钡盐脱硫等，但是目前均未能实现产业化应用。

3.3.7 有机物及微量元素在溶出过程中的行为

铝土矿中的有机物通常以腐殖质和沥青的形态存在。沥青不与碱作用而进入赤泥中，腐殖质能与碱作用生成草酸钠和蚁酸钠进入溶液中。当铝酸钠溶液中有机物含量过高时，溶液的黏度增大，散热性降低，这不利于赤泥分离和晶种分解。

铝土矿中常含有多种微量元素，其中最主要的为镓、钒等元素。镓、钒等元素与碱作用进入溶液中，生成镓酸钠（$NaGaO_2$）和钒酸钠（Na_3VO_4）。随着溶液的不断循环使用，镓酸钠和钒酸钠不断富集，当达到一定浓度时，降温使之以氢氧化物形式分解析出，然后可以提取镓和钒。

3.4 溶出效果的指标及其影响因素

在生产上，衡量铝土矿中氧化铝溶出效果的重要指标是氧化铝溶出率，主要分为理论溶出率、实际溶出率和相对溶出率。

3.4.1 理论溶出率

理论溶出率是指理论上从铝土矿中可以被苛性碱溶解而进入铝酸钠溶液的 Al_2O_3 质量与铝土矿中所含 Al_2O_3 质量的百分数，用 $\eta_{理}$ 表示。理论上从矿石中溶出的 Al_2O_3 质量等于矿石中的 Al_2O_3 质量减去因 SiO_2 存在而造成不可避免的 Al_2O_3 化学损失的质量，定义式如下：

$$\eta_{理} = \frac{理论上从矿石中溶出Al_2O_3的质量}{矿石中Al_2O_3的质量} \times 100\%$$

$$= \frac{矿石中Al_2O_3的质量 - 不可避免的Al_2O_3化学损失的质量}{矿石中Al_2O_3的质量} \times 100\% \quad (3\text{-}14)$$

其中，矿石中 Al_2O_3 质量分数可以分析测定，进而可以确定矿石中 Al_2O_3 的质量；不可避免的 Al_2O_3 化学损失的质量需由矿石中 SiO_2 进入赤泥的成分来确定。对一水硬铝石型这类难溶的铝土矿，溶出时 SiO_2 几乎全部反应生成不溶性含水铝硅酸钠（$Na_2O \cdot Al_2O_3 \cdot 1.7SiO_2 \cdot nH_2O$）而进入赤泥。根据该分子式，可有如下关系：

$$\frac{n_A}{n_S} = \frac{m_A/102}{m_S/60} = \frac{1}{1.7} \Rightarrow \frac{m_A}{m_S} = 1 \qquad \frac{n_N}{n_S} = \frac{m_N/62}{m_S/60} = \frac{1}{1.7} \Rightarrow \frac{m_N}{m_S} = 0.608 \quad (3\text{-}15)$$

式中　n_A，n_S，n_N——分别为 Al_2O_3、SiO_2 和 Na_2O 的摩尔数，mol；

　　　m_A，m_S，m_N——分别为 Al_2O_3、SiO_2 和 Na_2O 的质量，g；

　　　102，60，62——分别为 Al_2O_3、SiO_2 和 Na_2O 的摩尔质量，g/mol。

由式（3-15）可得出：矿石中有 1g 的 SiO_2 必然会造成 1g 的 Al_2O_3 和 0.608g 的 Na_2O 损失，且该损失不可避免。结合式（3-14）可得出，氧化铝理论溶出率的计算公式如下：

$$\eta_{理} = \frac{A - S}{A} \times 100\% = \left(1 - \frac{1}{A/S}\right) \times 100\% \quad (3\text{-}16)$$

式中，A，S 分别为铝土矿中所含 Al_2O_3 和 SiO_2 的质量分数，%。

由式（3-14）和式（3-16）可得出，溶出 1t 氧化铝时，理论上所用铝土矿中 Al_2O_3 的质量 $m_{A矿}$、铝土矿的质量 $m_{矿}$ 以及所用铝土矿中 SiO_2 的质量 $m_{S矿}$ 为：

$$m_{A矿} = \frac{A}{A - S}(t) \qquad m_{矿} = \frac{m_{A矿}}{A} = \frac{1}{A - S}(t) \qquad m_{S矿} = m_{矿}S = \frac{S}{A - S}(t)$$

则溶出 1t 氧化铝时，理论上会消耗 Na_2O 的质量 $m_{N耗}$ 为：

$$m_{N耗} = 0.608m_{S矿} = \frac{0.608S}{A - S}(t) = \frac{0.608}{A/S - 1}(t) \quad (3\text{-}17)$$

式中，各符号含义与前述各式相同。

由式（3-16）和式（3-17）可知，理论溶出率和理论碱耗与铝土矿的铝硅比有关。铝硅比越高，理论溶出率越高，碱耗越低，越有利于拜耳法生产。

3.4.2　实际溶出率

实际溶出率是指从铝土矿中实际被苛性碱溶解而进入铝酸钠溶液的 Al_2O_3 质量与铝土矿中所含 Al_2O_3 质量的百分比值，用 $\eta_{实}$ 表示。从矿石中实际溶出 Al_2O_3 的质量等于矿石中的 Al_2O_3 质量减去溶出后进入赤泥的 Al_2O_3 质量。定义式如下：

$$\eta_{实} = \frac{从矿石中实际溶出Al_2O_3的质量}{矿石中Al_2O_3的质量} \times 100\%$$

$$= \frac{矿石中Al_2O_3的质量 - 赤泥中Al_2O_3的质量}{矿石中Al_2O_3的质量} \times 100\% \quad (3\text{-}18)$$

其中，矿石和赤泥中 Al_2O_3 的质量分数可以分析测定，进而能确定出矿石中 Al_2O_3 的质量；

而赤泥中 Al_2O_3 的质量需要由赤泥量来确定。

在实际生产中，赤泥的产量是无法直接确定的，但是矿石中 Fe_2O_3 在溶出时全部进入赤泥，即矿石中 Fe_2O_3 的质量约等于赤泥中 Fe_2O_3 的质量，所以可以通过 Fe_2O_3 在矿石和赤泥中的质量分数来确定赤泥量，进而确定出损失在赤泥中 Al_2O_3 的质量。

若已知铝土矿中 Al_2O_3 质量分数为 $A_矿$、Fe_2O_3 质量分数为 $F_矿$，赤泥中 Al_2O_3 质量分数为 $A_赤$、Fe_2O_3 质量分数为 $F_赤$，则溶解 1t 铝土矿可产出的赤泥质量 $m_赤$ 和赤泥中含 Al_2O_3 的质量 $m_{A赤}$：

$$m_赤 = \frac{1 \cdot F_矿}{F_赤} = \frac{F_矿}{F_赤}(t) \qquad m_{A赤} = m_赤 A_赤 = \frac{F_矿}{F_赤} \cdot A_赤(t)$$

将上述结果代入式（3-18）可得出，氧化铝实际溶出率的计算公式如下：

$$\eta_实 = \frac{1 \cdot A_矿 - \dfrac{F_矿}{F_赤}A_赤}{1 \cdot A_矿} \times 100\% = \left(1 - \frac{A_赤 \ F_矿}{A_矿 \ F_赤}\right) \times 100\% \tag{3-19}$$

3.4.3 相对溶出率

相对溶出率是指实际溶出率与理论溶出率比值的百分数，用 $\eta_相$ 表示。计算公式如下：

$$\eta_相 = \frac{\eta_实}{\eta_理} \times 100\% \tag{3-20}$$

生产中由于使用不同铝硅比的矿石，它们的理论溶出率和实际溶出率均不同，所以常采用相对溶出率来衡量不同溶出制度的溶出效果。

3.4.4 影响溶出的主要因素

在溶出过程中主要是控制矿石细度、循环母液苛性碱浓度和苛性比值、溶出液的苛性比值、溶出温度和石灰添加量等技术条件，使高压溶出达到合格的氧化铝溶出率。

3.4.4.1 铝土矿的溶出性能

铝土矿的溶出性能是指用碱液溶出其中 Al_2O_3 的难易程度，当然难易是相对而言的。各种铝土矿的矿物组成不同，使其溶出性能差别很大，通常情况为三水铝石型铝土矿容易溶出，一水软铝石型铝土矿不易溶出，一水硬铝石型铝土矿很难溶出。除了矿物组成，铝土矿的结构形态、杂质含量和分布状况也影响其溶出性能。所谓结构形态是指矿石表面的外观形态和结晶度等。致密的铝土矿几乎没有孔隙和裂缝，与疏松多孔的铝土矿相比，其溶出性能要差很多。在疏松多孔铝土矿的溶出过程中，反应不仅发生在矿粒表面，而且能渗透到矿粒内部的毛细管和裂缝中。

铝土矿中的 TiO_2、Fe_2O_3 和 SiO_2 等杂质越多，越分散，氧化铝水合物被其包裹的程度越大，与溶液的接触条件越差，溶出就越困难。

3.4.4.2　溶出的温度

温度是影响氧化铝溶出率最主要的因素。在其他条件相同时，溶出的温度越高，溶出率就会越高，溶出时间就越短。如果溶出的温度提高到300℃时，无论哪种类型的铝土矿，溶出过程都可以在几分钟内完成，并得到近于饱和的铝酸钠溶液，提高温度可消除铝土矿在矿物形态方面的差别对溶出过程的影响。所以，溶出工艺技术的进步主要体现在溶出温度的提高上。因为温度提高与溶出器内的压力有关，温度越高，溶出器内的压力就会越高，溶出设备和操作方面的困难也随之增加，这就使提高溶出温度受到限制。管道化溶出工艺的先进性就在于增大溶出器的耐压能力，而将溶出温度提高到300℃以上。

图3-4所示为溶出时间30min条件下溶出温度对我国某矿区一水硬铝石型铝土矿溶出效果的影响。

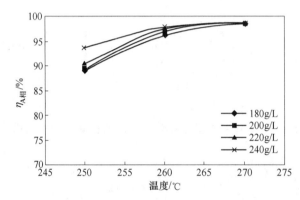

图3-4　溶出时间30min条件下，溶出温度对一水硬铝石型铝土矿溶出效果的影响

此外，溶出温度提高还可以使赤泥结构和沉降性能改善，降低溶出液苛性比，有利于制取砂状氧化铝。目前，国内生产企业处理一水硬铝石型铝土矿控制溶出温度在270℃左右。

3.4.4.3　矿石的细度

对某一种矿石，当其粒度越细小时，其比表面积就越大。这样矿石与溶液接触的面积就越大，即反应的面积增加了，在其他溶出条件相同时，溶出速率就会增加。另外，矿石的磨细加工会使原来被杂质包裹的氧化铝水合物暴露出来，增加了氧化铝的溶出率。溶出三水铝石型铝土矿时，一般不要求磨得很细，致密难溶的一水硬铝石型矿石则要求细磨。然而过分的细磨使生产费用增加，又无助于进一步提高溶出速率，而且还可能使溶出赤泥变细，造成赤泥沉降分离洗涤困难。因此，对不同矿石的最佳磨细程度应通过试验和生产实践来确定。

图3-5所示为溶出温度250℃条件下不同粒度平果铝土矿在循环母液中的溶出效果。从该图可以看出，粗颗粒铝土矿的溶出效果要比细颗粒的差。两种粒级的混矿溶出效果相当于其中各单一粒级溶出效果的加权平均值。当溶出温度提高至260℃时，磨矿粒度对溶出效果的影响程度变小。

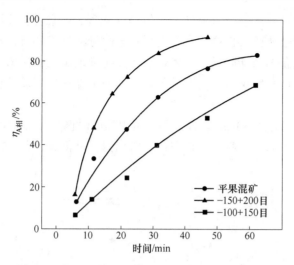

图 3-5 溶出温度 250℃ 条件下不同粒度平果铝土矿
在循环母液中的溶出效果

（200 目 = 74μm）

3.4.4.4 溶出的时间

铝土矿溶出过程中，只要氧化铝的溶出率没有达到最大值，增加溶出时间，氧化铝的溶出率就会增加。从图 3-5 中可以看出，当溶出温度为 250℃ 时，溶出时间对平果铝土矿溶出率影响很大。

当溶出温度大于 260℃ 时，溶出时间对一水硬铝石型铝土矿溶出率的影响程度变小。溶出温度 260℃ 时溶出时间对我国某矿区一水硬铝石型铝土矿相对溶出率的影响结果如图 3-6 所示。

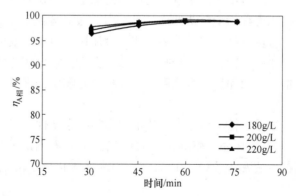

图 3-6 溶出温度 260℃ 条件下，溶出时间对一水硬铝石型铝土矿溶出率的影响

3.4.4.5 循环母液苛性碱的浓度

当其他条件相同时，循环母液碱浓度越高，苛性比值越大，Al_2O_3 的未饱和程度就越大，铝土矿中 Al_2O_3 的溶出速度越快，而且能得到苛性比较低的溶出液。高浓度溶液的饱

和蒸气压低，设备所承受的压力也要低些。但是从整个流程来看，如果要求循环母液的碱浓度过高，溶液的苛性比值必然增大，在同样的分解母液浓度和苛性比的条件下，晶种分解时间延长，分解设备的产能降低，蒸发过程的负担和困难也必然增大。所以从整个流程来权衡，母液的碱浓度只宜保持为适当的数值。国内某氧化铝厂循环母液苛性碱浓度和苛性值比见表 1-9。

　　图 3-7 所示为溶出时间 30min 条件下不同溶出温度时循环母液浓度对我国某矿区一水硬铝石型铝土矿溶出效果的影响。可以看出，溶出温度越低，循环母液浓度对溶出效果的影响越显著。

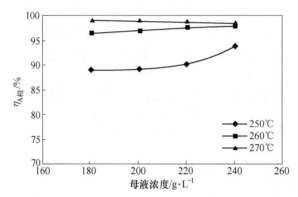

图 3-7　溶出时间为 30min 条件下循环母液浓度对
我国某矿区一水硬铝石型铝土矿溶出效果的影响

3.4.4.6　溶出液的苛性比值

　　溶出液苛性比值的高低不但对溶出过程有影响，而且对赤泥分离和晶种分解等生产过程也都起着极大的作用。在溶出铝土矿时，物料的配比是按预期的溶出液苛性比计算确定的。预期的溶出液苛性比也称为配料苛性比，可采用平衡实验测定。当溶出液苛性比值高时，单位质量矿石配的碱量也越高，虽然溶出速度会加快，但循环效率必然降低，物料流量增大，且晶种分解的速度变慢，种分分解率降低；反之，溶出液苛性比值低，可提高循环效率，减少物料流量，加快晶种分解速度，提高种分分解率，进而能提高设备产能，降低加工费用。

　　在工业生产中，往往采用低溶出液苛性比值溶出的技术条件，来提高循环效率，改善整个生产过程的技术条件。通过平衡溶出试验研究，认为铝土矿的溶出液 α_K 应不低于 1.40，工业上合适的溶出液 α_K 应为 1.40～1.45。国内某氧化铝厂溶出液碱浓度和苛性值比见表 1-9。

3.4.4.7　石灰的添加量

　　在氧化铝生产过程中，石灰是被广泛采用的拜耳法溶出过程的添加剂，特别是对于一水硬铝石型铝土矿的溶出过程。溶出时添加石灰的作用主要有：

　　（1）消除杂质 TiO_2 的危害，提高 Al_2O_3 的溶出速度。

　　（2）降低碱的损失。

（3）改善赤泥的沉降性能。

（4）使溶液中各种杂质元素变成相应的钙盐析出，净化溶液。

（5）促进铝针铁矿中铝的溶出。

石灰添加量通常要根据铝土矿中 TiO_2 的含量进行添加，如果过量添加，则多余的石灰会在溶出过程中生成水化石榴石 $[3CaO \cdot Al_2O_3 \cdot xSiO_2 \cdot (6-2x)H_2O]$，使氧化铝溶出率降低。在溶出温度为 265℃、溶出时间 50min 时，石灰添加量对我国某地区一水硬铝石型铝土矿氧化铝相对溶出率和赤泥钠硅比的影响结果分别如图 3-8 和图 3-9 所示。图 3-8 中，随着石灰的不断添加，氧化铝溶出率不断降低，当石灰添加量达到 30% 左右时，氧化铝溶出率会降到 80% 以下，这说明随着石灰的加入，会降低氧化铝溶出率。这是因为过量的石灰会在溶出过程中生成水化石榴石，进而增加铝损失。图 3-9 中，随着石灰的不断添加，赤泥中的钠硅比不断降低，当石灰添加量达到 30% 左右时，赤泥中钠硅比几乎降到了零，这说明随着石灰的加入，可以降低苛性碱进入赤泥中的损失。由此可见，石灰的添加是一把"双刃剑"，在降低苛性碱损失的同时也会降低氧化铝溶出率，因此石灰添加量通常要根据整个生产流程的技术经济指标来确定。

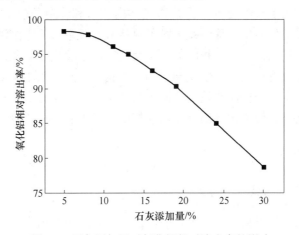

图 3-8　石灰添加量对氧化铝相对溶出率的影响

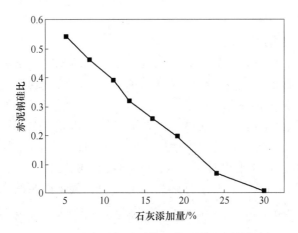

图 3-9　石灰添加量对溶出赤泥钠硅渣的影响

3.5　拜耳法溶出工艺

3.5.1　拜耳法溶出技术的类型

自拜耳法问世以来，溶出技术和装备的研究与开发取得了很大的进步。目前，世界上存在多种拜耳法溶出工艺装备用于处理不同性质的铝土矿。

溶出的直接目的是使矿浆受热升温，通常分为预热和加热两个阶段。根据矿浆加热方式的不同，拜耳法溶出可分为蒸汽直接加热技术和间接加热技术，除个别氧化铝厂仍采用高耗能的蒸汽直接加热方法使矿浆升温外，大多采用间接加热升温工艺。拜耳法间接预热器可分为管道化预热器和列管式预热器。拜耳法间接加热溶出器分为压煮溶出器和管道化溶出器，这是目前世界上的两大主流溶出设备。

目前，已在工业上成功应用的拜耳法溶出技术包括管道化溶出技术、管道预热-压煮器溶出技术、管道预热-停留罐溶出技术、双流法溶出技术、后加矿增浓溶出技术等。我国目前应用较为广泛的主流溶出技术为管道化溶出技术和管道预热-压煮器溶出技术。与压煮器溶出相比，管道化溶出过程中既无粒子自然分级现象，又无溶液回混现象，溶液碱浓度得到了较充分的利用，所以在相同的平均反应时间及反应温度条件下，管道化溶出效果最佳，但总产能也相对较低。由于我国可用于氧化铝生产的铝土矿全部为一水硬铝石型铝土矿，采用拜耳法工艺处理需要较高的溶出温度，因此应用管道化溶出技术是实现拜耳法节能的有效途径之一。管道化溶出是目前应用广泛且最有发展前景的拜耳法溶出技术。

3.5.2　管道化溶出技术

3.5.2.1　管道化溶出技术的特点

管道化溶出技术，是指采用管道进行矿浆的预热及加热溶出，可以是单管也可以是多管。常用的管道是双层管道，内管走的是矿浆，外管走的是热源，热量通过管壁传给矿浆，使矿浆得到溶出所需的温度。因为管道的管径小，比大直径的压煮器较容易实现高压、高温。

管道化溶出技术具有以下特点：

（1）导热性能好，传热系数高。管道化溶出是一种新型的溶出装置，矿浆从加热到溶出全部过程都是在管道中进行。矿浆在管道中有较高的流动速度（一般为 $2\sim5\text{m/s}$），由于流速大，矿浆产生高度的湍流运动，雷诺数可达 10^6 数量级，改善了传热效果。

（2）溶出时间短，单位容积产能高。提高溶出温度和搅拌强度能够大大地提高溶出速度，一般地说每升高10℃，反应速度增加1.5倍。因此，当溶出温度在360℃时，只需 $1\sim2\text{min}$ 便可完全溶出。由于溶出时间缩短，单位容积产能提高。

（3）溶出液苛性比值低，有利于分解速度的加快。氧化铝在碱液中的溶解度，随温度的提高而增加。管道溶出，由于温度高，溶出液的苛性比值低，这对缩短分解时间、强化分解过程十分有利。

（4）可采用低碱浓度溶出，降低生产能耗。对于较难溶出的一水硬铝石型铝土矿，采用管道化溶出技术和装置，在较高的溶出温度下可采用较低浓度的循环母液进行配料，降低蒸发过程的能量消耗，达到强化溶出和降低生产能耗的目的。

3.5.2.2 管道化溶出的工艺流程

图 3-1 给出了国内某氧化铝厂高压溶出生产区的工艺流程。典型的管道化溶出工艺流程如图 3-10 所示。

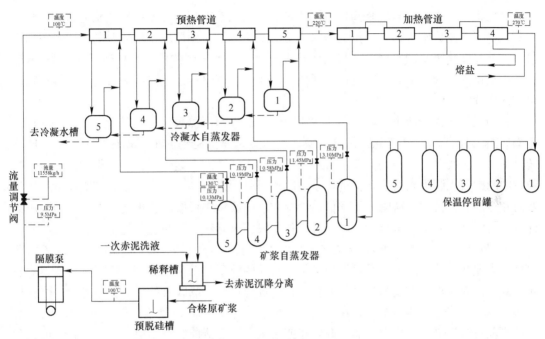

图 3-10 典型的管道化溶出工艺流程

从原料制备区来的合格原矿浆，固含通常为 300~400g/L。首先将合格原矿浆送入预脱硅槽中进行加热脱硅 6~12h，温度由 70℃升高到 100℃。预脱硅后的矿浆配入适量的碱液，使矿浆固含达到 240~280g/L，温度维持在 90~100℃。然后经隔膜泵和流量调节阀，控制送料流量和送料压力，将料浆送入五级管道预热器中进行预热升温，预热的主要热量来源为后序五级矿浆自蒸发器所产生的高温二次蒸汽（乏汽）。预热后的矿浆温度可达 220℃，再将其送入四级管道加热器中进行加热再升温，使矿浆温度达到 270℃以上，加热的主要热量来源为高温熔盐或高温新蒸汽。加热后的矿浆送往五级保温停留罐中进行保温停留 45~60min，待各反应充分进行和发生后，将溶出矿浆送至五级矿浆自蒸发器中进行自蒸发，即对溶出矿浆进行降温、减压操作。矿浆自蒸发所产生的高温二次蒸汽（乏汽）分别送往前面对应的管道预热器，来预热预脱硅矿浆。换热后的二次蒸汽（乏汽）形成冷凝水，分别对应地送往五级冷凝水自蒸发器中收集和储存，最后送入冷凝水储存罐。而这五个冷凝水自蒸发器中的冷凝水也可以自蒸发产生二次乏汽，分别送往对应的管道预热器来加热预脱硅矿浆，进而提高了热量的利用效率。对于五级矿浆自蒸发器，要形成一个合理的降温、减压梯度。溶出矿浆经五级矿浆自蒸发器的降温、减压后，其温度降至 130℃左右，压力降到 0.13MPa，最后送入稀释槽，用一次赤泥洗液稀释后，送往赤泥沉降分离洗涤工段。

3.5.2.3　管道化溶出的主要设备

A　隔膜泵

隔膜泵是氧化铝生产中长距离输送泥浆的主要设备。它不但能输送高压力高浓度的泥浆，而且借助油介质使活塞缸避免和泥浆接触，从而大大减少备件的损耗和维修费用，在经济上取得显著的效果。

氧化铝厂通常设有隔膜泵岗位。隔膜泵岗位的工艺流程为：预脱硅矿浆通过矿浆泵送往高位槽，在高位槽中加入适量的碱液进行二次调配，达到要求指标后，送入隔膜泵的进料端；矿浆在隔膜泵的作用下获得高压并进入溶出装置。高位槽可为矿浆提供重力势能，保证矿浆进入隔膜泵前有一定的进料预压，使矿浆能够自压送入隔膜泵进料端，维持隔膜泵正常连续工作。

我国某氧化铝厂溶出工段采用 TZPM2000 三缸单作用隔膜泵，其外观如图 3-11 所示，结构如图 3-12 所示。隔膜泵工作时，电动机通过减速机驱动曲轴、连杆、十字头，使旋转运动变为直线运动，带动活塞进行往复运动。当活塞向右运动时，活塞借助油介质将隔膜室中的橡胶隔膜吸到右方，借助矿浆喂料预压打开进料阀，吸入矿浆充满隔膜室；当活塞向左运动时，关闭进料阀，活塞借助油介质将隔膜室中橡胶隔膜推向左方，并借助压力开启出料阀，将矿浆输送至管道。三缸单作用隔膜泵有三个隔膜室，每个隔膜室的起始排料相位相隔 120°，可使矿浆输送量均匀。由于矿浆不接触活塞等运动部件，减少了这些部件的磨损和腐蚀；同时，通过设置灵敏、可靠的检测自动化系统，保证了橡胶隔膜的长使用寿命，使得隔膜泵成为矿浆管道化输送的理想设备。隔膜泵的主要作用是给矿浆施加高压，并将矿浆送入溶出系统。在溶出管道中，如果矿浆流速过快，设备承受压力较大，则矿浆颗粒对管道磨损严重；如果矿浆流速过慢，则会造成管道结疤严重。因此，该氧化铝厂根据隔膜泵最大流量 360m³/h（压力报警值 80kg）和管道容积，控制矿浆的实际流量在 325m³/h 左右，使得进入管道中的矿浆流速保持在 2.0~2.5m/s，最宜控制在 2.1m/s 左右。

图 3-11　隔膜泵的外观

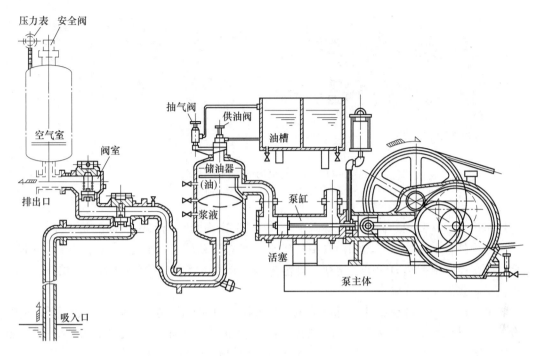

图 3-12 隔膜泵的结构

B 溶出管道

管道化溶出是一种化工动力学过程。在溶出管道中，矿浆与加热介质换热升温，达到反应温度，Al_2O_3 转变为可溶性的 $NaAl(OH)_4$ 进入溶液，SiO_2 转变为不溶性的 $Na_2O \cdot Al_2O_3 \cdot 1.7SiO_2 \cdot nH_2O$ 进入赤泥，TiO_2 转变为不溶性的 $CaO \cdot TiO_2$ 进入赤泥，Fe_2O_3 不发生化学反应而直接进入赤泥，从而实现了氧化铝与其他杂质的分离。

我国某氧化铝厂的溶出管道外观如图 3-13 所示，管道的内部结构示意图如图 3-14 所示。该氧化铝厂溶出装置包含 1 根 ϕ530mm×9mm 或 ϕ480mm×(9~16)mm 的溶出外管，以及 4 根 ϕ133mm×11mm 的溶出内管。外管、内管均由 16Mn 低合金高强度结构钢焊接而成，管道最外层包有保温材料。管道溶出器由外到内依次为保温层、溶出外管，外管内流

图 3-13 我国某氧化铝厂溶出管道外观

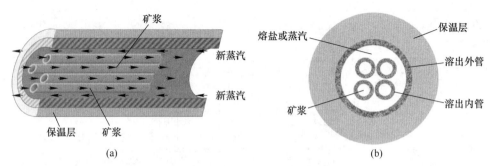

图 3-14　溶出管道内部结构示意图

(a) 主视剖面图；(b) 左视剖面图

动的是加热介质（高温蒸汽或高温熔盐），然后是溶出内管，内管中流动的是矿浆。在生产过程中，外管中的加热介质和内管中的矿浆是相对运动的，彼此之间只存在能量交换，而无物质交换。根据热力学第二定律，高温的加热介质可将其热量传递给低温的矿浆，进而实现了矿浆的受热升温。

　　溶出管道的一些合理设计，可以给生产带来很多便利和高效。例如，蒸汽套管预热段的管道，其设计和安装上存在 3/1000 的倾斜度。如此设计有利于冷凝水回流，能够实现在管道的同一端给蒸汽和排冷凝水，既保证了充足的换热时间，又提高了换热效率。

　　C　保温停留罐

　　氧化铝溶出反应主要在保温停留罐中进行。停留罐是一个立式圆筒形容器，它的顶盖是椭圆形封头，底部是椭圆形封头或是带折边的锥形封头，筒体中空。顶盖除工艺要求的一些接管外还有人孔。底部封头也有人孔，除供人员进出外，还能将容器内清理的结垢排出容器体外。容器外靠近底部有 4 个支座与基础用地脚螺栓连接，如图 3-15 所示。容器内部空无一物，但由于停留罐长期在高温高压条件下工作，器壁上常常积有结疤。结疤质地坚硬，很难清除，一般采用化学方法或使用风动工具加以清理。

　　我国某氧化铝厂保温停留段的结构示意图如图 3-16 所示。由图可知，矿浆在停留罐中采用高进低出的进出料方式，经六级高温高压停留 40~60min，保证了矿浆中氧化铝充分溶出而进入溶液。例如，该厂停留罐直径 2.2m、高 16m，可承受 9.50MPa 的高压，再根据隔膜泵来料流量为 325m³/h，物料量按停留罐满罐的 80% 估算，则可以计算出矿浆的停留时间。设矿浆在停留罐中的下降速度为 v，忽略矿浆由出料管上升的时间，则有：

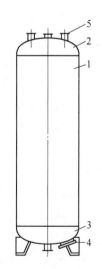

图 3-15　保温停留罐

1—筒体；2—顶部封头；

3—底部封头；4—人孔；

5—接管

$$325(\text{m}^3/\text{h}) = 5.42(\text{m}^3/\text{min}) = 3.14 \times 1.1^2 \times v(\text{m}^3/\text{min})$$

求出 v = 1.43m/min

矿浆停留时间 = 16×6×80%/1.43 = 53.7（min）

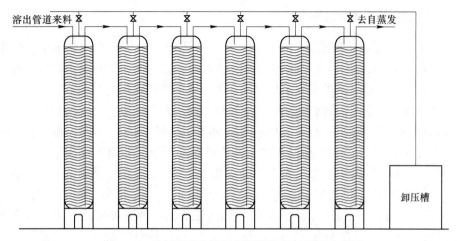

图 3-16 我国某氧化铝厂保温停留段的结构示意图

D 自蒸发器（闪蒸罐）

自蒸发又称为闪蒸，是指高温高压的饱和液体进入比较低压的容器后，由于压力的突然降低，这些饱和液体的一部分变成容器压力下的饱和蒸汽的现象。

物质的沸点是随压力增大而升高，而压力越低，沸点就越低。这样就可以让高温高压流体经过减压，使其沸点降低，进入闪蒸罐。这时，流体温度高于该压力下的沸点，使流体在闪蒸罐中迅速沸腾汽化，并进行气液两相分离。使流体达到减压的装置是减压阀，而闪蒸罐的内部空间可实现流体的迅速汽化和气液分离。矿浆自蒸发器的结构示意图如图3-17 所示。

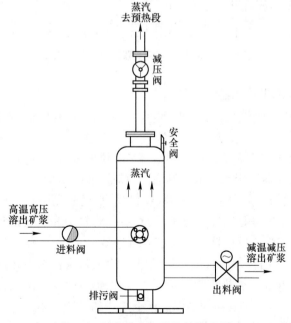

图 3-17 矿浆自蒸发器的结构示意图

3.5.3   管道预热-压煮器溶出技术

管道预热-压煮器溶出技术常用于处理一水硬铝石型铝土矿。在该技术中，矿浆由管道预热器预热至150℃左右，然后由溶出釜内的间接加热列管加热升温至溶出温度，最后在带机械搅拌的串联溶出釜中完成溶出过程。该技术的溶出温度可达260℃。

图3-18为我国某厂引进的法国单管预热-搅拌压煮器溶出系统的流程图。固含为300~400g/L的矿浆在ϕ8m×8m加热槽中从70℃加热到100℃，再在ϕ8m×14m的预脱硅槽中常压脱硅4~8h。预脱硅后的矿浆配入适量循环母液，使固含符合配矿要求，温度在90~100℃，用高压隔膜泵送入五级2400m长的单管加热器（外管ϕ335.6mm，内管ϕ253mm），用十级矿浆自蒸发器的后五级产生的二次蒸汽加热，使矿浆温度提高到155℃。然后矿浆进入5台ϕ2.8m×16m的加热高压釜，用前五级矿浆自蒸发器产生的二次蒸汽加热到220℃，再在6台ϕ2.8m×16m的反应高压釜中用6MPa高压新蒸汽加热到溶出温度260℃，然后在3台ϕ2.8m×1m保温高压釜中保温反应45~60min。高温溶出浆液经十级自蒸发，温度降到130℃后，送入稀释槽。

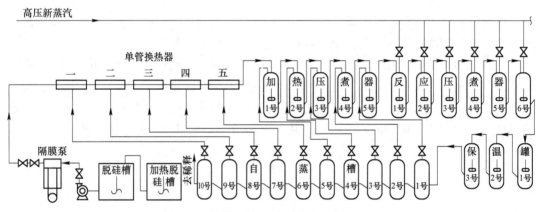

图3-18   单管预热-压煮器溶出系统的流程

管道预热-压煮器溶出技术的主要特点：

（1）矿浆在单管反应器中预热到150℃，再在间接加热机械搅拌高压釜中加热、溶出。

（2）单套管反应器结构简单，加工制造容易，维修方便，容易清洗结疤。

（3）矿浆单管反应器直径大，减少结疤阻力对流速的影响。

（4）单套管反应器排列紧凑，放在两端可以开启的保温箱内，管子不保温，从而维修方便。该技术的主要缺点是，每运行15天左右，要停18h左右清理结疤，而且清洗高压釜中的结疤要比清理管式反应器中的结疤困难许多。

管道预热-压煮器溶出技术与管道化溶出技术的工艺流程基本相同，它们的关键区别在于所使用的高压溶出器（加热装置）不同。管道预热-压煮器溶出技术的加热装置为间接加热压煮器（高压釜）。压煮器为高温高压下工作的密闭容器，它一般用盘管或列管作加热部件，且需要对矿浆进行机械搅拌，以保持矿粒与母液的良好接触和改善加热表面上的传热状况，因为矿浆的强烈运动有助于减轻加热表面上的结垢现象。图3-19所示为列管式蒸气间接加热压煮器。列管加在溶出器的内部,蒸汽由溶出器上部的列管口导入,并通过列管将热传给矿浆,蒸汽本身则在管内冷凝为水并从管下端流出,搅拌器安装在中央。这种溶出器结构较复杂,操作和维修有一定困难,并需要较多的调节设施和安全设备。

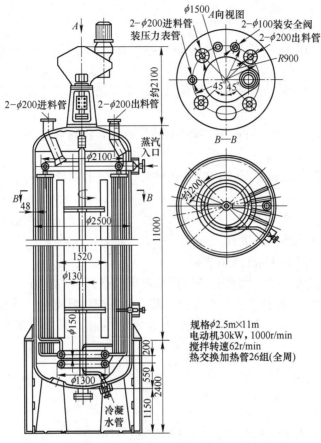

图 3-19 间接加热机械搅拌压煮器结构

3.6 溶出实践操作与常见故障处理

3.6.1 溶出作业实践操作

以国内某氧化铝厂生产为例,该厂采用管道化溶出技术,其工艺流程如图 3-1 所示。该厂溶出生产区共有四组溶出系统,每组系统对应由一台隔膜泵给料,包括:

(1) 九级蒸汽套管预热段,表示为 BWT1~BWT9。由于第四级和第五级预热段管道结疤严重,为便于清理,将该段分为两小段,即 BWT4a、BWT4b 和 BWT5a、BWT5b。

(2) 四级熔盐套管加热段,表示为 SWT1~SWT4。

(3) 九级矿浆自蒸发器闪蒸段,表示为 E1~E9。

(4) 九台气液分离器,表示为 L1~L9。

(5) 九级冷凝水自蒸发器,表示为 K1~K9。

（6）溶出矿浆稀释段为两个稀释槽。

3.6.1.1　开车前准备

开车前准备如下：

（1）联系各岗位做好开车前的工作。

（2）通知电工给所有电动机、仪表等电器设备送电，自蒸发器检修后联系恢复液位计。

（3）对所有电器设备、测量和控制系统、报警联锁系统、计算机系统进行检查，确保正常。

（4）打开手动、电动终端阀，通知预脱硅导通装置注母液流程，开启隔膜泵向装置注母液。

（5）当 E9 放料阀能放出母液后，关闭电动终阀，通知预脱硅停冲洗母液泵，停隔膜泵。

（6）联系调度室送高压蒸汽，投高压预热蒸汽前 6~8h，安排熔盐炉点火烘炉，同时通知电工送熔盐管道电伴热温度升至 180℃。

（7）检查并关闭 L1~L9 乏汽调节阀。

（8）通知溶出现场岗位，缓慢打开高压蒸汽阀及通入 BWT1~BWT9 各级的高压预热蒸汽阀门，调节 BWT 各段排不凝性气体阀，调节 K 系统放料阀在 1~3 扣开度，关闭 K 系统正旁路阀，用蒸汽加热母液，间断启动隔泵向前推 5min 母液，以帮助提高 SWT 段内管温度达到 150℃ 以上。

3.6.1.2　开车步骤

开车步骤如下：

（1）通知各岗位检查流程是否正确，详细检查开车前所有联锁条件是否达到。

（2）提前通知预脱硅岗位关闭高位槽底部阀，开启料泵向高位槽备矿浆，停矿浆泵。

（3）熔盐炉烘炉温度、熔盐管道伴热温度、SWT 段内管温度同时达到条件后，安排熔盐炉启动盐泵。

（4）盐泵启动内循环的同时，通知预脱硅岗位开冲洗母液泵向装置注母液。

（5）当熔盐大循环、回盐温度稳定并大于 260℃ 后，打开终端阀，启动隔膜泵，视回盐温度情况适当调整进料量，开启 E9 泵。

（6）根据自蒸发器液位和压力情况，从 L9~L1 逐步打开各级乏汽调节阀并调整其开度，同时关闭相应各级的高压加热蒸汽阀门，最后关闭蒸汽总阀。

（7）通知溶出现场岗位关闭 BWT 段排不凝气体阀，关闭 K 系统放料阀。

（8）当装置进料量不小于 200m³/h、SWT4 出口矿浆温度达到 260℃ 时，通知预脱硅岗位转矿浆。

（9）E9 泵出矿浆后，通知岗位出料改为去稀释槽流程，联系沉降加洗液。

（10）隔膜泵进料提到 300m³/h 时，注意观察和调整下列参数：1）溶出装置中的压力和温度；2）各级 E、K 液位。

3.6.1.3 正常操作

正常操作步骤如下：

(1) 装置稳定后，进行正常的生产控制，通知化验室取样，正常运行中应对下列参数进行监控和调整：

1) 装置的温度和压力；

2) 盐炉的出口盐温和回盐温度；

3) 各级 E、K 液位；

4) 输送到主控室的其他数据；

5) 所有故障报警显示信号。

(2) 按时填写好岗位操作原始记录，按时要化验结果，密切注意矿浆的固含、细度、配碱量等配料情况，注意溶出后矿浆的各项指标，发现异常及时进行调整。

3.6.1.4 计划停车

计划停车步骤如下：

(1) 计划清洗或检修停车前，必须制订出详细的计划停车清洗报告或检修清单。

(2) 通知各岗位装置计划停车，做好停车前的准备。

(3) 通知预脱硅开冲洗母液泵装置转母液。

(4) 通知熔盐炉岗位逐步降低负荷，计划停车；盐罐温度 250℃ 时，停炉，停盐泵。

(5) 转母液 1h 后，流程改为回母液槽，联系稀释槽岗位停加洗液。

(6) 装置温度降至 150℃ 左右，通知预脱硅转水。

(7) 通知溶出现场岗位依次打开 BWT9 ~ BWT1 各段的排气阀。当 E1 压力降至 0.5MPa 时，依次打开 L9~L1 的排气阀，打开 K9 的排气阀。

(8) E9 泵出口见到出水后，停隔膜泵，停 E9 泵。

(9) K 系统无液位时，停 K9 泵，通知岗位打开 K 系统所有放料阀。

(10) 向调度室汇报。

3.6.1.5 巡检要求和路线

巡检要求如下：

(1) 定时（间隔 4h）检查终端阀的盘根和润滑情况。

(2) 检查自蒸发系统乏汽气动阀运行情况。

(3) 检查整个管道流程中是否有泄漏。

(4) 定时（间隔 4h）排出各蒸汽换热段内不凝性气体，检查冷凝水是否带料。

(5) 如安全槽上有乏汽泄出，说明某处排气阀或安全阀有泄漏，应查明原因及时处理。

(6) 检查各级料浆自蒸发器流量孔板、电动阀是否工作正常。

(7) 定时（间隔 2h）检查各离心泵的温度、振动、杂声、接地情况、有无泄漏、有无堵塞等。

巡检路线：隔膜泵出口管道→BWT 段及乏汽管道→SWT 段及相关熔盐管道→停留罐→

E1、(E1，L1)~(E9，L9)、L9 自蒸发器→K1~K9 冷凝水自蒸发器→K9 泵→稀释槽进口管道及阀门→稀释槽搅拌→稀释槽本体→稀释泵→稀释泵出口管道及阀门。

3.6.2　溶出常见的故障及处理方法

溶出生产中常见的故障及处理方法见表 3-1。

表 3-1　溶出生产中常见故障及处理方法

序号	故障现象	产生原因	处理方法
1	管道剧烈振动	内管磨破	停车处理
		冷凝水排放不畅	调整处理
		汽蚀现象	稳定进料量和溶出温度
		进料补偿器液位太低	排气提高液位
		出料补偿器气包坏和压力低	更换或充气
		某一进料单向阀卡，上料不足	检查处理或更换
		阀门开度小或堵塞	开大或清理疏通
		排冷凝水后边压力高	降低后边压力
2	最后一级冷凝水过满	冷凝水管道堵，不畅通	停车后处理
		冷凝水泵排量不足	加强排量或开双泵
		排冷凝水阀门开度小	适当开大调整
3	冷凝水管和乏汽管振动大	冷凝水管道中产生汽化	调整好疏水阀
		冷凝水系统中冷凝水过满	增大排出量
		内管磨破	停车处理
4	乏汽管中有流动噪声	管道中结疤厚或弯头处结疤多，管径变窄	停车检查处理
5	冷凝水排量小	某级排冷凝水阀开度小或堵塞	调整开大或停车后处理
		某级冷凝水自蒸发器液位过高，冷凝水进入换热段中	降低冷凝水自蒸发器中冷凝水液位
		最后一级冷凝水自蒸发器过满，造成总系统排水不畅	调整最后一级冷凝水自蒸发器，加大排量
		料浆自蒸发器压力温度过高	降低压力或温度，稳定操作
		某蒸汽换热段管内结疤多或堵塞，降低了热交换效果	停车后处理
6	冷凝水系统的冷凝水 pH 值高	料浆自蒸发器液位控制过高或波动大	调整平衡料浆自蒸发器液位
		乏汽加热段内管破	停车处理

3.7　拜耳法溶出过程中的结疤问题

结疤是拜耳法生产全过程中的常见问题。在矿浆的预热溶出、赤泥的沉降分离、晶种分解以及分解母液的蒸发等工序都有结疤生成。尤其在溶出换热面上生成的结疤可使传热系数下降，能耗升高，设备运行周期缩短，进而造成生产成本的增加。当加热面的结疤厚度达到 1mm 时，为达到相同的加热效果，必须增加约一倍的传热面积或者相应地提高加热介质的温度。因此，结疤对氧化铝生产造成了很大的不利影响。为此，许多学者对这一问题开展了深入细致的研究工作。

3.7.1 结疤的生成

在铝土矿的预热及溶出过程中，一些矿物与循环母液发生化学反应，以溶解度很小的新的矿物形态结晶析出，被黏附在器壁表面或者在器壁表面直接析出，这就是产生结疤的原因。当然，也存在矿浆中的固相颗粒在流动过程中沉积而与新生成的矿物同时黏附到器壁表面而导致结疤的情况。

氧化铝生产过程中产生结疤的矿物及化学组成极其复杂，结疤的生成也是一个极为复杂的物理化学过程，影响因素很多。拜耳法矿浆预热及溶出过程中较常见的结疤成分有硅矿物、钛矿物、镁矿物、铁矿物及磷酸盐等。

含硅矿物结疤的生成是由矿浆中硅矿物反应的产物在液相中发生脱硅反应所引起的。主要的含硅矿物结疤为钠硅渣，较低温度下生成的含硅矿物结疤为方钠石晶型，较高温度下生成的含硅矿物结疤为钙霞石晶型。

含钛矿物结疤的生成是因为铝土矿中的含钛矿物在矿浆预热及溶出过程中与添加剂反应而产生的，主要成分为钛酸钙 $CaTiO_3$ 和羟基钛酸钙 $CaTi_2O_4(OH)_2$，这类结疤主要是在高温区生成。由于一水硬铝石型铝土矿的拜耳法溶出过程中需加入石灰作为添加剂，所以钛酸盐结疤的产生是不可避免的。

含镁矿物结疤的生成是因为添加剂石灰及铝土矿中常常含有一定量的 MgO。MgO 在矿浆中首先发生水化反应，生成 $Mg(OH)_2$。随着温度的逐渐升高，$Mg(OH)_2$ 的溶解度逐渐变小，并在器壁表面析出，即形成 $Mg(OH)_2$ 结疤。另一种较重要的含镁矿物结疤为水合铝硅酸镁，即 $(Mg_{6-x}Al_x)(Si_{4-x}Al_x)O_{10}(OH)_8$，是镁矿物与其他矿物发生反应的产物。

结疤中存在部分铁矿物，这是由于矿浆的流速或流动状态不合理，致使矿浆中的部分铁矿物颗粒黏附于器壁表面所生成。同时，矿浆内铁酸盐的水解产物沉积于器壁上也可以形成铁矿物结疤。

结疤的实际矿物组成则更为复杂。事实上，在研究拜耳法溶出技术的同时，也必须研究结疤的产生和防治问题。

3.7.2 结疤的清理

关于结疤的防治方法可以分为化学法、物理法和工艺法。根据结疤的具体性质，采用相适宜的溶剂清洗结疤的方法被称为化学法。清洗剂一般由酸加缓蚀剂或者混合酸加缓蚀剂组成。物理法是指用高压水力清洗、机械清洗、火焰清理等方法。而工艺法是指通过工艺手段来达到减缓结疤生成速度的方法，如选择适宜的矿浆流速、进行矿浆预脱硅、应用双流法溶出新工艺、采用中间分段保温、高温脱硅脱钛等，从而减缓结疤在加热段生成的方法。

利用电场、磁场、超声波等也可能成为防治结疤生成的方法，有人将其称为结疤的无剂防治法。实际上由于成本和技术方面等因素，这些方法尚未在拜耳法矿浆预热及溶出过程中采用。

3.8   拜耳法溶出的主要工艺参数和技术指标

以国内某氧化铝厂生产为例，该厂采用管道化溶出技术，其工艺流程如图 3-1 所示。

实际生产中，各工艺参数主要由理论和经验所得出的技术指标标准来调节，即合理的工艺参数会得到合格的技术指标；同样合格的技术指标，对应的工艺参数必定满足生产要求。该氧化铝厂规定的生产工艺参数控制如下：

（1）预脱硅时间 6~12h，温度 95~105℃。

（2）隔膜泵进口预压不小于 0.18MPa，矿浆温度不大于 95℃。

（3）隔膜泵出口压力（p_1 压力）、氮气包压力不大于 8.5MPa。

（4）隔膜泵最大流量 360m³/h，压力报警值 80kg，生产控制流量在 325m³/h 左右，使进入管道矿浆流速在 2.1m/s 左右。

（5）停留罐压力（p_2 压力）为 4.8~5.2MPa。

（6）BWT1 出口料浆温度 210~220℃，SWT4 出口料浆温度 265℃。

（7）E 系统液位 1.0~2.0m。

（8）E9 压力不大于 0.25MPa。

（9）熔盐炉出口温度的中心值±1℃，回盐温度不高于 345℃。

（10）熔盐炉进出口盐温的温差不高于 50℃。

（11）熔盐炉煤层厚度 7~9mm。

（12）熔盐炉的炉顶温度不高于 950℃。

生产过程中，化验室定期到生产现场取样分析。通常固相样每天反馈一次结果，液相样 2h 反馈一次结果。根据化验分析结果可确定出相应的技术指标，再反馈回生产现场以便合理调节和控制相应的工艺参数，同时对生产班组进行考核。该氧化铝厂规定的生产技术指标标准如下：

（1）预脱硅率不小于 30%。

（2）隔膜泵进口料浆固含为 240~280g/L。

（3）溶出液 $\alpha_K \leqslant 1.4$。

（4）溶出赤泥 $A/S \leqslant 1.6$。

（5）溶出赤泥 $N/S \leqslant 0.4$。

（6）K9 水的 $N_T \leqslant 1.0$g/L。

（7）稀释料浆苛性碱浓度 160~180g/L。

（8）熔盐炉除尘出口烟尘浓度（标态）不高于 200mg/m³。

（9）熔盐炉排烟温度不高于 190℃。

拓展阅读——"手撕钢"彰显大国工业实力

"百炼钢做成了绕指柔。"明明是一卷钢材,展开后薄如蝉翼,用手便能轻易撕开,"手撕钢"是一种宽幅超薄的精密不锈带钢。这种国家重要新兴领域急需的高精尖基础材料,我国在很长时间内不具备生产能力,一度面临只能高价进口的困境,进口 1g 需要数百元。近年来,随着航天、核电、新能源等新兴产业飞速发展,国内市场对这一产品的需求不断增长,关键技术受制于人导致的供需矛盾日益显现。在这一背景下,国产"手撕钢"横空出世,占据了新技术"高点",补上了产业链"断点",变"高价买"为"平价造",更让"卡脖子"问题不再"掉链子"。

从生产平平无奇的"大路货"到制造高端先进的"手撕钢",背后是太钢不锈钢精密带钢有限公司十年磨一剑的坚守。为自主生产厚度仅为普通打印纸 1/4 的钢材,太钢技术团队历经十余年攻关,先后进行 700 多次试验,攻克 170 多个设备难题、450 多个工艺难题,成功叩开 0.02mm 不锈钢箔材的大门。2020 年,团队再次突破轧制等工艺的极限,生产出厚度为 0.015mm 的"手撕钢",可用于制造新能源汽车电池。正是这份耐住性子、苦练内功的毅力和心气,才让企业具备了应对变局的实力和底气,最终完成转型升级的华丽蝶变。

把好钢用在"刀刃"上,以科技创新为发力点提高供给质量,是山西太钢乃至整个钢铁产业实现超预期增长的重要经验。数据显示,2020 年我国重点统计钢铁企业销售收入 47033 亿元,同比增长 10.86%。经历去产能阵痛,我国钢铁业之所以能扛住新冠肺炎疫情冲击,不仅源自完备的产业链优势,更得益于上下游企业的创新合作。在疫情防控中,"手撕钢"、高品质轴承钢、齿轮钢等新产品销售额逆势上扬,不断满足用户新需求,既稳定了钢铁产能,也拓展了市场空间,助力钢铁工业发展稳中向好。

中央经济工作会议要求,"增强产业链供应链自主可控能力""尽快解决一批'卡脖子'问题,在产业优势领域精耕细作,搞出更多独门绝技"。从"手撕钢"到汽车变速器,从超导材料到人工智能开放平台,不少获奖企业在攻关技术、制定标准的赛道上勇攀高峰,在科技创新、推动技术成果转化等方面先行先试,彰显了中国制造的硬核实力。

4 赤泥沉降分离

4.1 赤泥沉降分离概述

拜耳法生产氧化铝过程中，铝土矿经过高温高压溶出后得到含赤泥固相和铝酸钠溶液的赤泥浆液。为满足后续生产，需将赤泥固相与铝酸钠溶液分离，获得符合要求的溶液送晶种分解工序，分离得到的赤泥经洗涤回收附着的氧化铝和氧化钠后，赤泥弃之。拜耳法赤泥的分离和洗涤过程多在沉降槽中进行，因此称为赤泥沉降作业。赤泥沉降作业按工作任务通常可分为溶出矿浆稀释、赤泥沉降分离、赤泥多次反向洗涤、赤泥外排和粗液叶滤精制等。

拜耳法赤泥沉降作业的基本流程如图 4-1 所示。

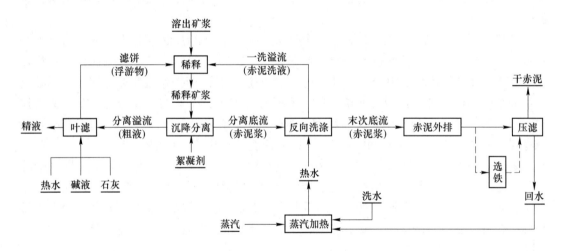

图 4-1 拜耳法赤泥沉降作业的基本流程

图 4-1 中，从溶出工序来的溶出矿浆首先送往稀释槽，在稀释槽中与一洗溢流（赤泥洗液）混合稀释，降低矿浆的浓度，得到稀释矿浆。稀释矿浆再送往分离沉降槽，合理添加絮凝剂后，进行固液两相的沉降分离，并得到分离溢流（含有一定固体浮游物的粗液）和分离底流（含有一定附液的浓稠赤泥浆）。分离溢流送往叶滤机进行控制过滤，强制分离溶液和固体浮游物，得到符合晶种分解要求的纯净铝酸钠溶液（精液），而过滤出的滤饼则返回稀释槽回收再利用。从分离沉降槽出来的分离底流要送往洗涤沉降槽，用热水对其进行多次反向洗涤，以回收赤泥附液中的氧化铝和氧化钠，洗涤得到的一次溢流送往稀释槽稀释溶出矿浆，洗涤得到的末次底流（洗涤后的赤泥浆）送往隔膜泵室外排出去。赤泥在外排过程中，有一部分可以通过高梯度磁选工艺回收其中的铁资源，而大部分

赤泥被送往压滤车间压滤,再次分离赤泥浆中的固液两相,减少有用成分的损失和环境污染。压滤得到的干赤泥由汽车运送至赤泥堆场筑坝堆存,压滤得到的回水送往热水站,通过蒸汽加热成为热水,送去洗涤赤泥。基本流程中主要包括了溶出矿浆的稀释、赤泥沉降分离、粗液控制过滤、赤泥多次反向洗涤和赤泥外排等步骤。

溶出矿浆的稀释是在稀释槽中完成的。溶出矿浆中铝酸钠和苛性碱的浓度较高,为了达到后续沉降分离和晶种分解所需的条件,需用赤泥洗液对矿浆进行稀释,得到稀释矿浆。

稀释矿浆的沉降分离在分离沉降槽中完成。稀释矿浆是由铝酸钠溶液和赤泥微粒所组成的悬浮液。沉降分离就是利用重力作用将悬浮液中的赤泥固相与铝酸钠溶液初步分离,得到粗液和浓稠的赤泥浆。

粗液控制过滤的主要设备是叶滤机。通过叶滤机强制过滤,进一步分离粗液中固体浮游物,使粗液成为符合晶种分解工艺要求的精液。

赤泥多次反向洗涤在洗涤沉降槽中完成。赤洗多次反向洗涤是用热水洗涤赤泥浆,以回收赤泥附液带走的碱和氧化铝等有用成分。洗涤过程中,热水和赤泥浆的运动方向是相反的。洗涤后的赤泥洗液送去稀释溶出矿浆;洗涤后的赤泥浆送往赤泥外排工序。

赤泥外排的主要设备是隔膜泵,又称为泥浆泵。其主要作用是将洗涤后的赤泥浆送出厂外,经选铁、压滤后得到干赤泥,再由汽车送入赤泥堆场筑坝堆存。

4.2 溶出矿浆的稀释

为了加速赤泥颗粒与铝酸钠溶液的分离,以获得符合晶种分解要求的纯净铝酸钠溶液,生产上需要对溶出矿浆进行稀释。稀释的主要设备是带有搅拌装置的稀释槽。在稀释槽内用一次赤泥洗液与溶出矿浆混合,降低溶液浓度,最终得到满足赤泥沉降分离和晶种分解要求的稀释矿浆。

稀释的作用如下:

(1)稀释可以降低铝酸钠溶液浓度,便于晶种分解。高压溶出后的铝酸钠溶液浓度一般较高,高浓度的铝酸钠溶液是很稳定的,不能直接进行分解,必须加以稀释而使铝酸钠溶液的氧化铝处于中等浓度,使溶液的稳定性下降,为后续分解工序提高分解速度、分解率、分解槽的产能以及拜耳法的循环效率提供条件。

(2)稀释可以回收赤泥洗液中的氧化铝和氧化钠。采用一次赤泥洗液进行稀释,可以回收洗液中的苛性碱和氧化铝。因为赤泥洗液中氧化铝浓度一般只有 $30 \sim 60 \text{g/L}$,溶液相当稳定,采用单独分解的方法不易进行回收。因此采用赤泥洗液稀释溶出矿浆,既降低了铝酸钠溶液的浓度,又回收了洗液中的氧化铝和苛性碱。

(3)稀释可以促进铝酸钠溶液的进一步脱硅。在溶出过程中,含硅矿物与铝酸钠溶液反应,生成含水铝硅酸钠析出。但由于铝酸钠溶液浓度高,含水铝硅酸钠在其中的溶解度大,溶液的硅量指数一般只有 100 左右,不但影响分解产品的质量,而且在后续工序分解母液蒸发过程中,在加热器表面会形成硅渣结疤,影响传热效率。通常,晶种分解要求精液的硅量指数在 200 以上。随着铝酸钠溶液浓度的降低,含水铝硅酸钠在其中的溶解度随之降低,有利于脱硅过程的进行,使二氧化硅的浓度降低。因此,稀释可以使铝酸钠溶液进一步脱硅；同时稀释浆液具有 100℃ 左右的较高温度，其中含有大量含水铝硅酸钠的赤泥作为脱硅晶种，也有利于脱硅反应的进行。经过稀释脱硅过程后，铝酸钠溶液的硅量指数可以达到 300 左右，可以满足晶种分解对铝酸钠溶液硅量指数的要求。

（4）稀释有利于赤泥的沉降分离。溶出后的赤泥浆固含高，黏度大，直接沉降分离非常困难。经稀释后，不但溶液浓度降低，矿浆黏度变小，固含也降低，赤泥的分离速度可以大大提高，赤泥的分离洗涤效果变好。

（5）稀释有利于稳定沉降槽的操作。拜耳法生产中，溶出矿浆的成分有所波动，溶出矿浆进入稀释槽进行稀释和调配，使矿浆混合均匀，波动幅度减小，有利于后续沉降作业的平稳运行。

稀释后对浓度的要求：高压溶出后的矿浆在稀释后的浓度，应综合多方面因素进行考虑。溶液浓度太高，将影响赤泥沉降分离效果；溶液浓度过低，则系统物料量增加，致使设备产能降低，能耗指标增加。目前，处理一水硬铝石型铝土矿的拜耳法厂，稀释后铝酸钠溶液中的氧化铝浓度变化范围为 $150 \sim 180 \text{g/L}$，且保证稀释矿浆在稀释槽中的停留时间不低于 1.5h。

4.3　赤泥沉降分离

在工业生产中，稀释的赤泥浆液是由铝酸钠溶液和赤泥微粒所组成的悬浮液。沉降分离的目的是利用重力作用将该悬浮液中的铝酸钠溶液与赤泥固相初步分离，得到铝酸钠粗液和浓稠的赤泥浆。

4.3.1　沉降分离的原理

赤泥沉降分离属于悬浮液连续式重力沉降，即根据矿浆中赤泥颗粒的密度（$3200 \sim 3600 \text{kg/m}^3$）比铝酸钠溶液的密度（$1250 \text{kg/m}^3$）大，赤泥颗粒受重力作用而从液相中沉降下来，从而达到固液两相分离的目的。

沉降槽内悬浮液的沉降过程，可以通过间歇沉降试验来观察。将新配制的稀释矿浆悬浮液倒进玻璃圆筒里［见图 4-2（a）］，其中赤泥颗粒分布比较均匀，当颗粒开始沉降后，筒内便出现四个区域［见图 4-2（b）］：A 区里已没有颗粒，称为清液区；B 区里的悬浮液均匀而且与原来悬浮液浓度大致相同，称为等浓度区，清液区和等浓度区的界面（A、B 间界面）下降速度是恒定的，此界面的下降速度等于等浓度区里颗粒的沉降速度；C 区里的颗粒越往下越大，浓度也越往下越高，称为变浓度区；D 区由沉降最快的大颗粒以及其后陆续沉降的颗粒组成，浓度也最大，称为沉聚区。沉聚过程继续进行，A 区和 D 区逐渐扩大，B 区则逐渐缩小以至消失［见图 4-2（c）］。A、C 间界面下降的速度逐渐变慢，到后来 A、C 间界面也消失，全部颗粒集中于 D 区［见图 4-2（d）］，称为达到了临界沉降点。自此以后，颗粒再沉降的结果是沉渣被压紧，挤出的液体升入清液区，所以 D 区又称为压紧区。

连续沉降时，A、B、C、D 四个区都是存在的，而且由于连续进料和连续排清液及泥渣，这四个区域的高度在进出料无变化时基本上是不变的。

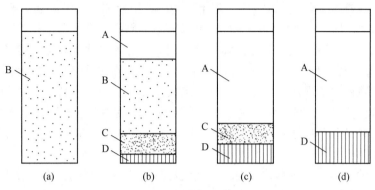

图 4-2 间歇沉降过程中不同区域的变化

(a) ~ (d) 沉降的不同阶段

A—清液区；B—等浓度区；C—变浓度区；D—沉聚区

4.3.2 赤泥浆液的性质

赤泥浆液的性质受赤泥和铝酸钠溶液组成的共同影响。对于我国低铁高硅的一水硬铝石型铝土矿，铝酸钠溶液中主要含有铝酸钠、氢氧化钠、碳酸钠、硅酸钠、硫酸钠和有机物等成分，这些物质在溶液中的浓度越高，溶液的黏度越大，越不利于赤泥的沉降分离。拜耳法赤泥中的主要物相组成为钠硅渣（含水铝硅酸钠）、水化石榴石（水合铝硅酸钙）、钙钛矿（钛酸钙）、赤铁矿（含水氧化铁）等矿物存在。赤泥中物相组成和含量主要由矿石成分以及生产方法所决定。赤泥量越大，粒子间的相互干扰越大，越不利于赤泥的沉降分离。

赤泥浆的沉降性能和压缩性能对沉降槽的产能和洗涤用水量都有很大的影响。

赤泥浆的沉降性能用赤泥颗粒沉降速度来表示。沉降速度是指赤泥颗粒在单位时间内在相对静止的铝酸钠溶液中所沉降的垂直距离，生产规定以 10min 或 5min 的沉降速度为参考。即以 100mL 量筒取满赤泥浆液，沉降 10min 或 5min 后观察清液层高度，作为赤泥的沉降速度，记为 mm/10min 或 mm/5min。赤泥的沉降速度快，赤泥的沉降性能就好，沉降槽的产能就越高。

赤泥浆的压缩性能用压缩液固比或沉淀高度百分数表示。压缩液固比即为赤泥浆液不能再压缩时的液固比。生产上一般指沉淀 30min 后的浓缩赤泥浆的液固比。沉淀高度百分数是指赤泥浆液在一定体积（如 100mL）沉淀一定时间（30min）后，沉淀层高度与浆液总高度的百分数。赤泥的压缩液固比越小或赤泥沉淀高度百分数越小，赤泥的压缩性能就越好，则底流液固比就越低，从而减少赤泥挟带的铝酸钠溶液量。

采用不同的生产方法所得到的赤泥浆性质存在差异。拜耳法赤泥具有很大的分散度，属于细粒子悬浮液，它与胶体分散系具有许多相同的性质，难以沉降和压缩，因此需要在拜耳法赤泥浆液中添加絮凝剂来加速赤泥的沉降。而对于碱-石灰烧结法，由于矿石中的 SiO_2 经过烧结后是以原硅酸钙形式进入赤泥，其亲水性弱，沉降性能相对较好，所以只要配料适当，烧结法赤泥浆液可直接进行沉降分离。

4.3.3 影响赤泥沉降分离的因素

影响赤泥沉降分离的因素如下：

（1）矿石组成和品位。实践证明，铝土矿的矿物组成和化学组成是影响赤泥浆液沉降性能的主要因素。铝土矿中所含的矿物，如针铁矿、黄铁矿、高岭石、金红石等，所生成的赤泥中往往吸附着较多的 $Al(OH)_4^-$、Na^+ 及结合水，因溶剂化现象较强，能降低赤泥的沉降速度；而赤铁矿、磁铁矿、锐钛矿等结合的相对较少，对赤泥沉降速度的影响不明显。

（2）赤泥浆液的液固比。对于同一种赤泥浆，赤泥浆的液固比不同，表示单位体积内赤泥粒子的数量不同，悬浮液的黏度也有所不同。在其他条件相同时，赤泥浆液的液固比大，则单位体积内赤泥粒子的数量减少，赤泥粒子间的干扰阻力减少，从而使赤泥有较快的沉降速度。

（3）赤泥的细度。赤泥颗粒过细，会使沉降速度降低。当然，赤泥颗粒也不宜过粗，赤泥颗粒过粗，会造成矿物溶出化学反应不完全，同时由于沉降速度太快而造成沉降槽底流管道堵塞等，影响生产的正常进行。

（4）沉降分离过程的温度。赤泥浆液的温度升高，则溶液的黏度和密度下降，可以加速沉降过程；温度升高能减少胶体质点所带的电荷而有利于赤泥絮凝，对赤泥的沉降性能有利；温度升高还可以提高溶液的稳定性，减少铝酸钠溶液水解而造成的氧化铝损失。因此，赤泥浆的沉降分离温度一般不应低于95℃。

（5）赤泥浆液的浓度。铝酸钠溶液的浓度高低对其黏度和密度有很大影响，当溶液浓度高时，其黏度大，密度也大，赤泥的沉降速度减小，特别是在氧化铝浓度升高而使浆液的液固比下降时影响尤为强烈。

（6）絮凝剂的应用。赤泥沉降过程中添加絮凝剂，是目前氧化铝工业普遍采用且行之有效的加速赤泥沉降的方法。在絮凝剂的作用下，赤泥浆液中处于分散状态的细小赤泥颗粒相互黏结成大颗粒，从而加速赤泥沉降过程。尤其在拜耳法赤泥沉降过程中，必须添加絮凝剂来改善赤泥的沉降效果。

4.3.4　赤泥沉降絮凝剂

絮凝剂能使处于分散状态的细小赤泥颗粒相互结合成大团，增大颗粒粒径，降低赤泥分散度，提高赤泥沉降效果。

絮凝剂的种类很多，主要分为天然的高分子絮凝剂和合成的高分子絮凝剂两大类。以前采用的是天然的高分子絮凝剂，如麦类、薯类等加工的产品或副产品，但它们或作为粮食或作为饲料，大量应用都不适宜。目前广泛采用的是人工合成的高分子絮凝剂，如聚丙烯酸钠、聚丙烯酰胺等。它们与天然的高分子絮凝剂相比，用量少，效果好，且能完全吸附于赤泥颗粒上，溶液中基本没有残留，因此克服了采用天然絮凝剂时由于在溶液中残留而导致的有机物升高的弊端。

絮凝剂的使用效果与赤泥的性质有很大的关系。同时，赤泥浆液中的某些杂质也会影响絮凝剂的使用效果，特别是有机物杂质的影响最大，有机物杂质吸附在赤泥颗粒表面，阻碍了赤泥颗粒的絮凝。不同组成的絮凝剂对同一赤泥的絮凝效果也不相同，在采用人工合成的絮凝剂时，须根据所处理的赤泥浆液的性质特点，对其用量、配置方法和添加方式进行细致研究。絮凝剂除在沉降分离赤泥时添加外，也可以在洗涤时再次添加，用量仅为赤泥总量的万分之几或更少，它们全被赤泥吸收，而不残留于溶液之中。图4-3给出了我国某氧化铝厂絮凝剂配制的流程。

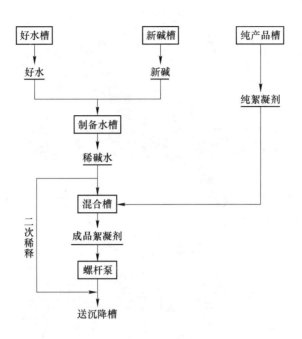

图 4-3 我国某氧化铝厂絮凝剂配制的流程

4.3.5 赤泥沉降分离的主要设备——沉降槽

生产上，需要将稀释矿浆中的固体颗粒从悬浮液中分离出来。在液固比较大的条件下，液固分离的较好设备就是沉降槽。沉降槽是赤泥沉降分离和洗涤的核心设备。

沉降槽的类型很多，按照结构划分有单层和多层，按照用途又可分为分离沉降槽和洗涤沉降槽。目前氧化铝生产厂所使用的沉降槽通常为单层沉降槽。单层沉降槽的直径有大有小，由数米一直到超过40m。为了强化分离效果，我国新建的拜耳法氧化铝厂，其赤泥的沉降多采用大直径单层沉降槽或深锥高效单层沉降槽。实践表明，大直径单层沉降槽运行稳定可靠，产能、溢流浮游物含量和底流固含等项指标比原有设备均有较大幅度的提高。深锥高效单层沉降槽的沉降速度快、底流固含高、溢流浮游物含量低，槽帮高、锥角大、絮凝剂多点加入，便于指标控制；将深锥沉降槽用于赤泥的末次洗涤，通常情况下末次底流可以不经过过滤而直接外排。各种高效沉降槽的相继开发，提高了絮凝剂的高效应用和沉降槽的产能。

几种类型沉降槽的结构如图4-4和图4-5所示。沉降槽的结构主要包括圆形槽体、中心柱、进料管、进料筒、传动系统、搅拌轴、耙机、耙尺、溢流管、溢流筒、底流口、底流箱等。

图4-6给出了我国某氧化铝厂所使用的深锥高效单层沉降槽的工作原理和过程。矿浆由沉降槽顶部一侧给入中心下料筒中，使矿浆向下做螺旋运动，而分散进入沉降槽内。赤泥颗粒在重力作用下逐渐沉入槽底形成底流，由底流泵送出。上清液由槽顶的溢流管流出，并进入溢流井或针型溢流筒中，在自压或溢流泵的作用下送出。分离沉降槽设计有溢流井，洗涤沉降槽设计有针形溢流筒，均对溢流起到缓冲和储存的作用。絮凝剂采用三点

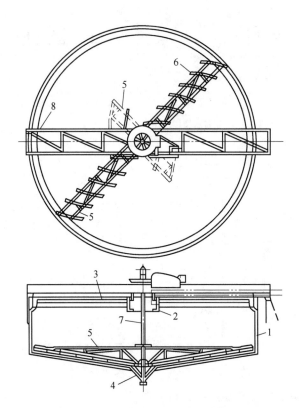

图 4-4　大直径单层沉降槽结构

1—圆形槽；2—进料口；3—溢流堰；4—卸料锥；5—耙；
6—叶片；7—垂直轴；8—桁架

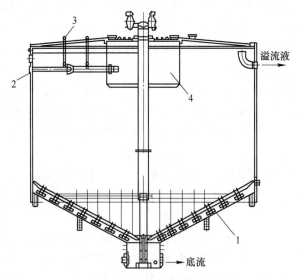

图 4-5　深锥高效单层沉降槽结构

1—耙尺；2—进料管；3—絮凝剂管；4—进料筒

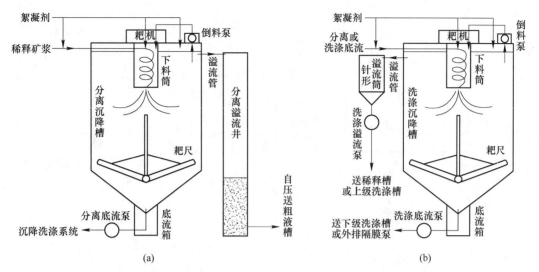

图 4-6 我国某氧化铝厂深锥高效沉降槽的工作原理和过程

(a) 分离沉降槽；(b) 洗涤沉降槽

添加的方式进入沉降槽，即料浆进管第一次加入、中心下料筒第二次加入、沉降槽第三次加入，其目的是使絮凝剂与物料充分接触，增大赤泥颗粒粒径，降低赤泥分散度，提高赤泥沉降效果。沉降槽顶部安装有耙机，耙机通过中心轴带动槽内的耙尺以较慢的速度转动，可将固体颗粒慢慢移至底流箱，并对下沉固体颗粒起到缓冲搅拌的作用，防止底流出口堵塞而造成严重生产事故。有的沉降槽顶部安装有导料泵，可将槽内的上清液再次导入中心下料筒，对矿浆进行二次稀释和均匀混合，提高进料液固比，强化分离与洗涤效果。

4.4 赤 泥 洗 涤

拜耳法赤泥沉降分离后，底流（浓稠赤泥浆）中仍带有一定量的铝酸钠溶液，如果不加以回收处理，则会造成有用成分碱和氧化铝的损失，同时增加赤泥对环境的污染。因此，洗涤赤泥的目的就是回收赤泥附液中所带走的碱和氧化铝。

4.4.1 赤泥洗涤的方法

生产上，常采用95℃以上的热水在沉降槽中洗涤赤泥，洗涤后的洗液送去稀释溶出矿浆。在洗涤过程中也常常配加絮凝剂。赤泥洗涤采用多次反向洗涤流程，即热水运动的方向与赤泥浆运动的方向相反，一般洗3~8次。多次反向洗涤的优点是可以降低热水用量，并能得到浓度较高的赤泥洗液。我国某氧化铝厂赤泥沉降分离和四次反向洗涤流程如图4-7所示。

图4-7中，由稀释工序来的稀释矿浆，从分离沉降槽的顶端加入，同时还要向沉降槽中加入一定量的絮凝剂，以促进赤泥颗粒的快速沉降。沉降分离之后得到的溢流（粗液），自压去粗液槽，随后送叶滤工序进行强制过滤。沉降分离得到的底流（浓稠赤泥浆），通过离心泵送入一洗沉降槽中进行洗涤。在一洗沉降槽中，赤泥浆和二洗沉降槽来

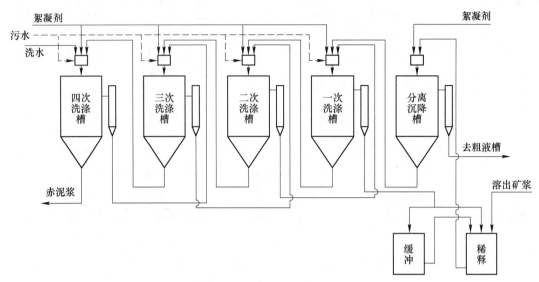

图 4-7　我国某氧化铝厂赤泥沉降分离和四次反向洗涤流程

的溢流（上清液）进行混合、洗涤和再分离，分离出的溢流（一次赤泥洗液）送往稀释槽，对溶出矿浆进行稀释，而分离出的底流（浓稠赤泥浆）再通过离心泵送入二洗沉降槽。赤泥浆在二洗沉降槽中与三洗沉降槽来的溢流（上清液）进行混合、洗涤和分离，分离出的溢流（上清液）送往一洗沉降槽，分离出来的底流（浓稠赤泥浆）通过离心泵送入三洗沉降槽。在三洗沉降槽中，赤泥浆与四洗沉降槽来的溢流（上清液）进行混合、洗涤和分离，分离出的溢流（上清液）送入二洗沉降槽，而分离出来的底流（浓稠赤泥浆）通过离心泵送入四洗沉降槽，即末次洗涤沉降槽。在四洗沉降槽中，赤泥浆与热水站来的热水进行混合、洗涤和分离，分离出的溢流（上清液）送往三洗沉降槽，而分离出来的底流，即末次底流，通过赤泥外排系统，送往赤泥过滤和堆存。总体上看，赤泥要经过分离沉降槽、一洗沉降槽、二洗沉降槽、三洗沉降槽、四洗沉降槽，最后外排送往赤泥过滤和堆存。而从热水站来的热水要经过四洗沉降槽、三洗沉降槽、二洗沉降槽和一洗沉降槽，最后送往稀释槽。由此可以看出，赤泥和热水这两种物质是相向运动的，可以把这种赤泥沉降分离和洗涤流程称为一次分离、四次反向洗涤的工艺流程。

4.4.2　赤泥沉降分离和洗涤的生产实例

下面以我国某拜耳法氧化铝厂赤泥沉降分离和洗涤的生产为例进行分析。

该氧化铝厂赤泥沉降分离系统包括两个系列，每个系列包含 7 台深锥沉降槽，其中有 2 台分离沉降槽、1 台公备沉降槽和 4 台洗涤沉降槽。在沉降分离洗涤过程中，由于沉降槽的槽壁上容易生成结疤，当结疤过多和受热不均时，容易脱落至沉降槽锥形底部，造成底流出料管的堵塞，使整个沉降槽内的底流料浆无法排出，形成严重的生产事故隐患。因此，该氧化铝厂规定每台沉降槽在正常使用半年后需要进行一次停槽检修，清理结疤。即一个系列的 7 台沉降槽中，有 6 台正常生产，1 台停槽检修。

该氧化铝厂每个系列设计有 1 台公备槽和多个液体分配头，这些设备是该厂实现

"一槽检修、两槽分离、四级反向洗涤"生产顺利进行的关键所在。图4-8（a）为该氧化铝厂赤泥沉降分离和洗涤的工艺流程，其中省略了未使用的管道和装置。由图可以看出，1号、2号沉降槽做分离使用，4号~7号沉降槽做洗涤使用，而3号沉降槽处于停槽检修状态。图4-8（b）真实还原了生产现场的管路和装置的连接情况，对于没有使用的管道和装置，也画在其中，图中的虚线代表了正在使用的管道，由此可以判断，1号、2号沉降槽做分离使用，3号、4号、6号、7号沉降槽做洗涤使用，而5号沉降槽为停槽检修状态。

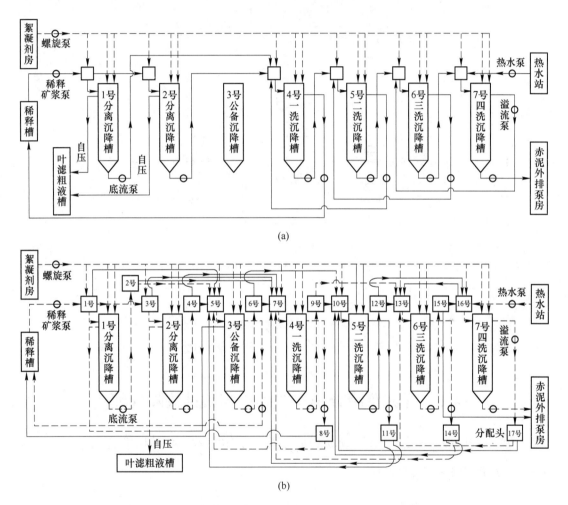

图 4-8　我国某氧化铝厂赤泥沉降分离和洗涤的工艺流程
（a）省略未使用的管道和装置；（b）显示未使用的管道和装置

　　在实际生产中，我们可以根据检修计划安排，调整液体分配器，改变流体流向至不同的工位，对1号~7号沉降槽中的任意一个槽子都可以停槽检修，而不会影响"两槽分离、四级反向洗涤"的生产顺行。
　　分配头用于分配各种液体或料浆至不同工位。氧化铝生产中所使用的分配头通常由阀门、管道、混合器组成，其工作原理如图4-9所示。

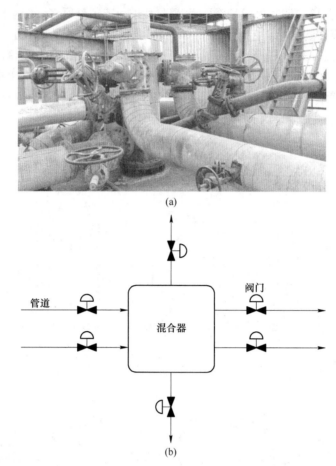

图 4-9   液体分配头工作现场和工作原理示意图

(a) 液体分配头工作现场；(b) 液体分配头工作原理

4.5   赤泥沉降分离实践操作与常见故障处理

下面以我国某拜耳法氧化铝厂赤泥沉降分离和洗涤的生产为实例进行分析。

4.5.1   赤泥沉降分离实践操作

4.5.1.1   开车前准备

开车前准备步骤如下：

（1）确认各检修工作是否完毕，现场是否清理干净，人员是否离开，所有设备的安全隐患是否清除。

（2）联系电工检查电气设备。

（3）联系计控人员检查计控设备，确认沉降槽的各探测仪器是否完好可用。

（4）空试耙机能否正常运行（检查电流、扭矩是否正常，是否有异常声音），确认无问题后停耙机装置。

（5）确认沉降槽进出料流程畅通，闸门考克好用。

4.5.1.2 开车步骤

分离沉降槽的开车步骤为：
（1）启动耙机装置。
（2）向槽内送进稀释料浆，同时送进絮凝剂。
（3）分离槽进料时启动分离槽底流泵小流量打循环。
（4）联系叶滤工段准备接收粗液，当有溢流流出后送粗液。
（5）当底流密度达到要求时停止底流打循环，改为正常出料。
（6）根据各仪表数据对沉降槽进行调整，直到产出合格的溢流和底流。

洗涤沉降槽的开车步骤为：
（1）启动耙机装置。
（2）向开车槽注满热水。
（3）向开车槽进料，同时送进絮凝剂。
（4）启动底流泵，底流打循环。
（5）当针形槽有液位时启动溢流泵。
（6）当底流密度达到要求时停止底流打循环，改为正常出料。
（7）根据各仪表数据，对开车槽进行调整，直到产出合格的溢流和底流。

4.5.1.3 正常操作

正常操作步骤如下：
（1）定期检查耙机运行情况。
（2）定期检查各底流泵、溢流泵运行情况。
（3）各沉降槽的溢流井必须保持一定的液位。
（4）沉降槽进出料保持稳定，不能波动太大。
（5）如果沉降槽温度不够，及时开新蒸汽加热。

4.5.1.4 停车操作

停车操作步骤如下：
（1）停止向槽内进料，停絮凝剂。
（2）若是沉降槽只停进料，则将沉降槽内泥拉至最低料位，并保持底流打循环。
（3）如果需要清理检修，逐渐将沉降槽料位拉空。
（4）对进料管道和槽内进行冲洗。
（5）冲洗完毕停耙机、停泵。
（6）切断停车沉降槽的各进出料管路并加盲板，挂警示牌。
（7）对停车沉降槽及附属各设备停电及挂警示牌。

4.5.1.5 沉降槽完好标准和维护标准

沉降槽完好标准如下：

（1）基础稳固，无裂纹、倾斜、腐蚀。

（2）基础、支架坚固完整，连接牢固，无松动断裂、腐蚀、脱落现象。

（3）槽体无严重倾斜。

（4）各零部件完整无缺。

（5）各零部件无一缺少。

（6）筒体内外各零部件没有损坏，不变形，材质、强度符合设计要求。

（7）槽体、管道的冲蚀、腐蚀在允许范围内。

（8）保温层完整，机体整洁。

（9）运转正常，无跑、冒、滴、漏。

（10）各法兰、人孔、观察孔密封良好，无泄漏。

（11）进出料管道畅通，阀门开关灵活。

（12）仪器、仪表和安全防护装置齐全、灵敏可靠。

沉降槽维护标准为：

（1）及时清扫。

（2）开车前要先盘车，检查润滑油量，测电动机绝缘。

（3）运行中，按点检标准检查。

（4）停车后，及时处理运行中存在的问题。

（5）减速机运转时第一次用润滑油 400h 后更换，其后每 2 年更换一次。

（6）减速机长期停车时，大约每 3 个星期将减速机启动一次。

4.5.2　赤泥沉降分离常见的故障及处理方法

赤泥沉降分离生产中常见的故障及处理方法见表 4-1。

表 4-1　赤泥沉降分离生产中常见的故障及处理方法

序号	故障现象	产生原因	处理方法
1	溢流跑浑	磨矿粒度过细	联系调度调整磨矿粒度
		絮凝剂变质或添加量不足	更换絮凝剂或加大絮凝剂流量
		进料量大	控制进料
		槽内积泥，底流堵塞不过料	开大底流，调整泥量
		进料矿浆固含过高	加大洗液量
2	底流堵死	底流 L/S 过小或结疤块掉落	调整 L/S 或排出结疤
		超周期掉结疤块	停槽清理

4.6　赤泥的外排和处理

经过洗涤后的赤泥浆，需要通过外排隔膜泵输送到赤泥过滤车间。过滤得到的干赤泥送往赤泥堆场堆存，滤液返回厂区的热水站参与赤泥洗涤。为保证隔膜泵正常输送，赤泥浆需要含有一定量的液体，如某氧化铝厂的外排末次底流 L/S 常在 1.3 左右。

4.6.1 赤泥外排工艺流程

图 4-10 给出了国内某氧化铝厂赤泥外排的流程。从沉降槽来的末次底流，经底流泵送入外排隔膜泵，赤泥浆液经隔膜泵加压后由输送管道排出主厂区，其中少部分赤泥浆送往选铁厂回收铁精矿；大部分赤泥浆则被输送至压滤车间过滤，过滤得到的滤饼即干赤泥由汽车送往赤泥堆场，而滤液返回主厂区的热水站。

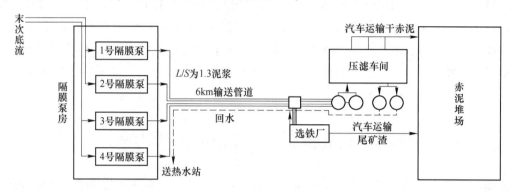

图 4-10 某氧化铝厂赤泥外排流程

4.6.2 赤泥过滤

经过沉降槽沉降洗涤后的末次底流，含水率较高，将赤泥排出后，需要用过滤机进行一次固液分离，可以进一步减少以附液形式夹带于赤泥中的氧化铝和氧化钠，提高氧化铝和碱的回收率，减少赤泥对环境的污染。例如，某氧化铝厂末次底流的干赤泥含碱为 5～12kg/t，经过滤后其含碱可降至 3kg/t 以下。

赤泥过滤常采用的设备是板框压滤机。由隔膜泵送来的赤泥浆，用喂料泵送至压滤机中，在压力差作用下，滤液穿过滤布经集液管汇总后自流入滤液槽，再通过滤液泵送回热水站；被隔离在滤布外的干赤泥附在滤布上形成滤饼，然后用螺杆式空压机提供的高压气流反吹滤饼中的毛细水，进一步去除赤泥中的液相；最后打开拉板，卸下滤饼，用汽车运至赤泥堆场堆放。

板框压滤机主要由机架、压紧机构和过滤机构三部分组成。机架由止推板、压紧板和大梁构成，压紧机构由液压站、油缸、活塞、活塞杆和压紧板组成，过滤机构由滤板、滤框、滤布、压榨隔膜组成。板框压滤机的结构如图 4-11 所示。滤板和滤框按照顺序排列，

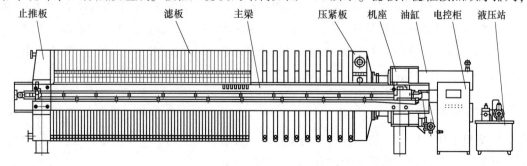

图 4-11 板框压滤机的结构示意图

板和框都用它本身的支耳架在一对横梁上，可用滑动机头移动将它们压紧或拉开。

　　国内某氧化铝厂采用快开式自动隔膜压滤机进行赤泥过滤。当隔膜压滤机运行时，油缸体内的活塞杆推动压紧板，将位于压紧板和止推板之间的隔膜板、滤板及滤布压紧（滤板和压榨隔膜两侧由滤布包覆），使相邻板框之间构成滤室，周围密封，确保带有压力的滤浆在滤室内进行加压过滤。过滤开始时，滤浆在进料泵的推动下进入滤室内，滤浆借助进料泵产生的压力进行固液分离。固体颗粒由于滤布的阻挡留在滤室内形成滤饼，滤液经滤布沿滤板上的排水沟排出。快开式隔膜压滤机对滤饼采用压缩空气充填隔膜来实现进一步脱水，由隔膜变形产生两维方向上的压力破坏颗粒间形成的拱桥，将残留在颗粒空隙间的滤液挤出。滤饼中的毛细水则用强气流进行穿流置换，进一步排除滤饼中的毛细水，最大限度地降低滤饼的水分。

4.7　粗液精制——粗液的控制过滤

　　粗液中固体浮游物含量较高，不能直接进行分解。如果不清除这些浮游物，在晶种分解时它们就会随氢氧化铝一起析出，从而影响产品的化学纯度。所以粗液在进入分解系统前，都需要通过精制去除固体浮游物。清除粗液中固体浮游物的过程称为拜耳法粗液的精制。粗液精制是拜耳法生产过程中最后一道除杂工序，因此粗液精制决定了最终产品氧化铝的化学纯度。

4.7.1　粗液精制的主要设备——叶滤机

　　目前工业生产上粗液精制的设备主要是立式叶滤机，因此粗液精制又称为粗液的强制过滤或粗液叶滤。叶滤机是适用于处理溶液中固体含量不大于3%的较理想的液固分离设备。粗液精制的过程是将流入粗液槽的分离溢流，用粗液泵送入叶滤机控制过滤，所得滤液即精液送晶种分解工序，滤饼返回稀释槽。

　　立式叶滤机由立式机筒、集液器、高位槽以及滤叶组成，滤叶在机筒内呈星形排列，每个滤叶由过滤袋、插入滤袋的导管、滤叶骨架、集液器等组成。过滤时，粗液与助滤剂石灰乳混合后，由粗液泵打入叶滤机主体的机筒内，在粗液泵提供的一定压力下，粗液中的液体通过过滤袋的孔隙，成为合格的精液；然后精液沿导流管进入集液器，再进入机筒外部的精液总管，最后流进高位槽，精液由高位槽的出料管自压流入精液槽中。叶滤机内粗液中的绝大部分固体浮游物被阻隔在过滤袋的外侧，形成滤饼，工作一段时间后通过高位槽精液反冲，自动卸掉滤饼。立式叶滤机的结构如图4-12所示，外观如图4-13所示。

4.7.2　叶滤的工作过程

　　叶滤机工作是周期性的，全过程均由计算机控制自动进行，每个过滤周期主要包括进料、挂泥、正常过滤、卸泥四个过程。

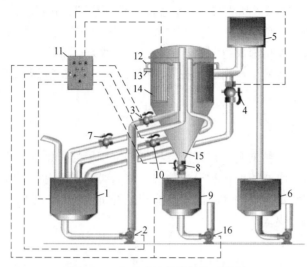

图 4-12 立式叶滤机的结构示意图

1—原液槽；2—立式进料泵；3—进料阀；4—回流阀；5—高位槽；6—精液槽；
7—卸压阀；8—排泥阀；9—滤饼槽"底流槽"；10—溢流阀；11—控制柜；
12—弯管；13—外部组管；14—过滤元件；15—筒体；16—滤饼泵"底流泵"

图 4-13 立式叶滤机的主体结构外观

4.7.2.1 进料

过滤开始时，将叶滤机设定为开启状态，关闭卸泥阀、泄压阀和精液阀，开启进料阀、液位调节阀和浑精液阀（也称为回流阀），待液位调节阀有料流出时将其关闭，即完成进料。

4.7.2.2 挂泥

为避免叶滤周期初始阶段有不合格的浑浊液进入精液槽，必须进行浑浊液再循环，即

"挂泥"操作，从而实现滤饼和滤布的双重过滤，保证得到合格精液。首先开启浑精液阀也就是回流阀，关闭精液阀，在粗液泵提供的一定压力作用下，浑浊的液体经滤布、滤板、导流管、集液器和浑精液阀返回粗液槽，反复再循环，而大部分固体浮游物则留在滤布外表面形成滤饼层，待精液合格后，关闭浑精液阀，开启精液阀，即完成挂泥，随后进入正常的过滤作业。

4.7.2.3　正常过滤

关闭浑精液阀，开启精液阀，在粗液泵提供一定压力的作用下，粗液中的液体通过滤饼和滤布双重过滤后，沿滤板凹槽和导流管进入集液器，最后进入机筒外部的精液总管，再通过高位槽流入精液槽，而固体浮游物不能穿过滤饼或滤布，被留在滤饼和滤布的外表面，从而实现了液固分离。

4.7.2.4　卸泥

当过滤作业达到规定时间后，自动关闭进料阀门和精液阀，自动打开卸压阀、液位调节阀和卸泥阀，此时机筒内压力迅速降低，高位槽中储存的精液将反冲回滤叶，即液体将由滤布内侧流向滤布外侧，将滤布外表面的滤饼冲下，再通过卸泥阀排至滤饼槽，由此完成卸泥作业，进而完成一个叶滤生产周期。调整后，过滤系统将重新进入新一轮的进料、挂泥、正常过滤、卸泥这四个过程的生产。

4.7.3　影响叶滤机产能的主要因素

影响叶滤机产能的主要因素如下：

(1) 滤渣的性质。滤渣在过滤介质表面，随着过滤时间的延续而积累，形成一定厚度的滤渣层，叶滤机产能与这层滤渣的性质密切相关。滤渣有可压缩和不可压缩的两种，粗液中的浮游物粒子很细，大多是无定形的粒子，是可压缩的。当滤渣厚度达到5mm左右时，叶滤阻力就很大，产能降低。

(2) 过滤的速度。过滤速度快，叶滤机产能高，过滤速度的大小，取决于工作压力和过滤阻力。滤渣的阻力随着滤渣层厚度的增加而增大。对生成不可压缩滤渣的悬浮液的过滤速度，随工作压力的增高而增大。对生成可压缩滤渣的悬浮液的过滤速度不与工作压力呈比例地改变。

叶滤拜耳法粗液，当工作压力较低时，增加压力能增大过滤速度。当压力增长到较高时再增大压力，过滤速度并不增加，因为此时滤渣层很厚。

(3) 溶液的黏度。叶滤机的产能与溶液的黏度成反比，溶液黏度越大，过滤就越困难，设备产能就越低。溶液黏度主要与温度和浓度有关，浓度高、温度低，溶液的黏度就大。

4.7.4　影响叶滤质量的主要因素

叶滤质量主要是指精液所含浮游物的多少。影响精液浮游物含量的主要因素有：

(1) 粗液浮游物的含量。精液的浮游物与粗液的浮游物有一定的比例关系。在同样条件下，当粗液浮游物增高时，精液浮游物也按一定比值升高；反之，粗液浮游物含量降低，精液浮游物含量就减少。

（2）叶滤介质的影响。过滤介质是完成悬浮液过滤分离过程的一个极其重要的组成部分。它的性能及质量将直接影响到过滤效率的高低和技术经济指标的好坏，如介质孔眼过细，易被堵塞，过滤效率降低；孔眼过大则滤液的浮游物过高，不能满足工艺要求。

叶滤过程中，粗液通过过滤介质时，固体浮游物会留在介质外表面形成滤饼，其结构致密紧实，很容易堵塞滤布网孔，使液体也无法顺利通过滤布，增大叶滤机工作压力，降低叶滤效率。因此，生产上在粗液中加入适量石灰乳，可以生成水化石榴石固体 $[3CaO \cdot Al_2O_3 \cdot nSiO_2 \cdot (6-2n)H_2O]$，该物质分散在滤饼中，可使滤饼膨胀、疏松、通透性增强，保证液体可以顺利通过过滤介质。

4.8 赤泥沉降分离的主要工艺参数和技术指标

4.8.1 赤泥的附液损失

在氧化铝生产中，随赤泥附液带走的碱或氧化铝损失称为赤泥的附液损失，是赤泥洗涤的主要技术经济指标，一般为每吨外排干赤泥所带走的 Na_2O 或 Al_2O_3 质量，计算公式为：

$$m(Na_2O)_{附损} = N_T \times (L/S) \qquad m(Al_2O_3)_{附损} = A \times (L/S) \qquad (4-1)$$

式中，$m(Na_2O)_{附损}$，$m(Al_2O_3)_{附损}$ 为每吨干赤泥带走 Na_2O、Al_2O_3 的质量，kg/t；N_T，A 为末次底流附液中全碱、氧化铝的质量浓度，kg/m³；L/S 为末次底流液固比，mL/g 或 m³/t。

例如：已知某氧化铝厂赤泥沉降区的一组生产数据，见表 4-2，计算末次底流的附液损失。根据已知，可得到每吨外排干赤泥带走的附液体积为 $1 \times (L/S) = L/S(m^3)$，则这些体积附液中含碱质量为 $N_T \times (L/S)(kg)$，即 $m(Na_2O)_{附损} = N_T \times (L/S) = 5.9 \times 1.89 = 11.15(kg/t)$。

表 4-2 某氧化铝厂赤泥沉降区的生产数据

样品	N_T /g·L^{-1}	N_K /g·L^{-1}	A /g·L^{-1}	α_K	固体含量 /g·L^{-1}	L/S /mL·g^{-1}	附损 /kg·t^{-1}	硅量指数	碳碱比
稀释矿浆		169.83			105				
分离溢流（粗液）	195.9	178	199.17	1.47	0.5				9.14
分离底流						1.5			
一洗溢流	56.7	52	52.79	1.62	0.034				8.29
末次底流	5.9					1.89	11.15		
洗涤热水	2.23								
压滤回水	3.66								
精液	191.4	174	193.41	1.48	0.0025			303.15	9.09

4.8.2　赤泥的洗涤效率

洗涤效果的好坏，通常用洗涤效率 η 表示，它是指经过洗涤后回收的碱量占进入洗涤系统总碱量的百分数。总碱量为分离底流的含碱量，等于外排碱量与回收碱量之和。回收碱量为一洗溢流的含碱量，外排碱量为末次底流的含碱量。经过简单推导，可得到洗涤效率计算式为：

$$\eta = \left(1 - \frac{N_{\text{T末}}}{N_{\text{T分}}} \right) \times 100\% \qquad (4\text{-}2)$$

式中　η——洗涤效率，%；

$N_{\text{T末}}$——末次底流中每吨赤泥带走的 Na_2O 质量，即附液损失，kg/t；

$N_{\text{T分}}$——分离底流中每吨赤泥带走的 Na_2O 质量，kg/t。

4.8.3　赤泥沉降分离的主要质量技术标准

以国内某拜耳法氧化铝厂的生产为例，其赤泥沉降分离的主要质量技术标准如下：

（1）溶出液 $\alpha_K \leqslant 1.42$。

（2）赤泥 $A/S \leqslant 1.30$。

（3）稀释后矿浆 N_K 浓度为 165~180g/L。

（4）稀释后矿浆 $\alpha_K \leqslant 1.46$。

（5）稀释矿浆硅量指数 $\geqslant 250$。

（6）稀释后固含小于 100g/L。

（7）稀释矿浆温度 103℃。

（8）温度控制：分离沉降槽 98~103℃，一洗槽 91~100℃，二洗槽 92~100℃，三洗槽 93~100℃，四洗槽 94~100℃。

（9）底流固含：分离槽 44%，一洗槽 45%，二洗槽 46%，三洗槽 47%，四洗槽 48%。

（10）清液层高度：分离槽不小于 12m，一洗槽、二洗槽不小于 11m，三洗槽、四洗槽不小于 7m。

（11）热水温度不小于 95℃。

（12）分离底流固含不大于 44%（678g/L）。

（13）分离溢流浮游物不大于 0.20g/L。

（14）末次洗涤底流固含不大于 48%（713g/L）。

（15）1000m³ 粗液石灰乳加入量 10m³。

（16）每吨干赤泥附碱不大于 4kg（Na_2O）。

（17）絮凝剂配制浓度为 0.2%~0.5%。

（18）液体纯品絮凝剂储槽每隔 4~6h 搅拌 10min。

（19）碱水温度为 30~45℃，碱度为 10~20g/L。

（20）脱硅矿浆料泥量大于 132t，单台分离槽的絮凝剂添加量不大于 3100L/h，一洗槽的絮凝剂添加量应小于 3100L/h，二洗槽至四洗槽的粉状絮凝剂添加总量小于 7000L/h。

（21）脱硅矿浆料泥量在 100~132t，单台分离槽絮凝剂添加量小于 2600L/h，一洗槽的絮凝剂添加量应小于 2600L/h，二洗槽至四洗槽的絮凝剂添加总量小于 6000L/h。

（22）叶滤机运行周期 60min，其中回流时间 2min、卸泥时间 1min。

（23）叶滤机机头压力控制在 0.25～0.30MPa。

（24）精粗液槽存料控制在 7～10m。

（25）粗液温度 98～103℃。

（26）精液 $\alpha_K \leqslant 1.50$。

（27）叶滤机水洗时，热水温度（98±3）℃。

（28）叶滤机碱洗时，碱液温度控制在 98～103℃，浓度不小于 300g/L。

（29）精液浮游物含量不大于 0.015g/L。

拓展阅读——钢铁奠定新中国国防工业之基

钢铁意味着什么？从战火硝烟中走出来的中国，有着更痛彻的理解。坚船利炮，曾经让我们饱受屈辱。缺钢少铁，曾经让我们不得不筑起血肉长城。守卫和平独立自强，离不开钢铁，这是历史告诉今天的一个答案。

最新式的155mm口径火炮，使用的是第二代厚壁火炮钢，强度是第一代的1.5倍。炮钢强度越高，炮管可以承受的膛压越高，火炮的射程和威力也越大。大口径厚壁火炮钢性能要求不亚于航空用钢，只有经过水压机千锤百炼的炮管才能强度更大、韧性更高。今天，中国已经完全具备自主制造8万吨水压机的能力。但在20世纪50年代，全中国只有北满特钢一家钢厂拥有这样的军工装备。北满特钢的这台水压机代表了当时世界重型制造装备的最高水平，没有这台3000t水压机，大口径厚壁火炮用钢就没办法生产。

1949年10月1日，新中国成立后的第一次阅兵，受阅步兵方队手持的武器规格都不统一，飞机、坦克、大炮都是缴获的装备。当时我军的装备被戏称为"万国造"。因此，建立独立完整的国防工业体系曾是新中国最为迫切的愿望。

军工装备离不开钢材，从研发到生产，80%以上的零部件，都需要钢材和特殊钢的支撑。建设一个全新的特钢厂，对于家底不厚的新中国来说是一个不小的负担，但北满特钢还是建设成了一个全新的特殊钢厂。钢厂里当年引进的设备，今天仍能使用。如特轧机生产线和3000t水压机一样，都代表了那个时代最领先的技术，操作人员只要看看压力表，就能知道轧制时的下压量。当年正是这些先进设备的引进，让中国迅速具备了生产重武器、尖端武器用钢的能力。1960年，各部委联合出台文件，明确提出武器、坦克等材料必须在三年内实现国内自主供给。此后几年，北满特钢接到的紧急订货电报多达数百封，装满了整整11个档案袋。20世纪60年代初，中苏关系紧张破裂，原来由苏联提供的一些军工材料都停供了，所以北满钢厂也承担了大量的解决"卡脖子"的问题。中国第一门重型火炮、第一辆重型坦克、第一艘核潜艇等多个国家所需的关键性钢材，就是从这里走出去的。1959年的国庆阅兵是新中国钢铁工业的高光时刻，从这一年起，中国参加阅兵的国产武器逐年递增。

钢铁巨流，隆隆作响。要建设现代化国防，就必须有钢铁工业的支撑。钢铁，林立于中国工业的磐石之基，尽显底气。

5 晶 种 分 解

5.1　晶种分解概述

晶种分解是拜耳法生产氧化铝的核心工序之一，它是通过向过饱和的铝酸钠溶液中添加适量的氢氧化铝晶种，并在降低温度和不断搅拌的情况下，使铝酸钠溶液中的氧化铝以氢氧化铝的形式结晶析出，同时得到含大量苛性碱的分解母液，简称种分。种分对最终产品氧化铝的产量、质量以及全厂的技术经济指标都有着重要的影响。

以某氧化铝厂分解系统为例，其接收沉降送来的精液，先与分解母液进行换热降温，再送往晶种槽，与晶种混合后送分解首槽进行晶种分解，通过中间降温设备控制分解温度，建立合理的降温机制，达到较高的分解率和合格的产品粒度。再经分级处理后，合格的氢氧化铝料浆由分解尾槽送往平盘过滤洗涤，不合格的氢氧化铝料浆送往立盘种子过滤。该厂分解系统的主要工作任务包括：精液换热降温、晶种分解、氢氧化铝分级、种子过滤、产品过滤洗涤等。

5.2　生产对氢氧化铝的品质要求

晶种分解得到中间产品氢氧化铝，它将送往下一个焙烧工序生产氧化铝，因此其品质决定了产品氧化铝的品质。对氢氧化铝的品质要求，主要包括化学纯度和物理性能两个方面，物理性能主要包括粒度、强度和形貌结构。

5.2.1　氢氧化铝的化学纯度要求

氢氧化铝中的主要杂质是 SiO_2、Fe_2O_3 和 Na_2O，还可能含有少量的钙、钛、磷、钒和锌等杂质。Na_2O 含量取决于分解和氢氧化铝洗涤作业，而硅、铁、钙、钛、锌、钒、磷等杂质的含量主要取决于精液的纯度，即由叶滤工序控制和决定。

实践证明，对于拜耳法晶种分解过程，当精液中的硅量指数在 200 以上时，一般不会发生明显的脱硅反应；如果精液的硅量指数为 150~200 时，在氢氧化铝析出的同时，SiO_2 也会以水合铝硅酸钠结晶的形式析出，使产品中的 SiO_2 含量不符合要求，同时也使 Na_2O 的含量增加。

氢氧化铝中碱的来源有三种：第一种是进入氢氧化铝晶格中的碱，它是 Na^+ 取代氢氧化铝中 H^+ 的结果，这部分碱是不能用水洗去的，称为不可洗碱。第二种是以含水铝硅酸钠形态存在的碱，其量取决于精液中的 SiO_2 含量，这部分碱也是不能洗去的。第三种是氢氧化铝夹带的母液中的碱，其中的一部分是吸附于颗粒表面的，而另一部分是进入结晶集合体的晶间空隙中，前者容易洗去，称为可洗碱，而后者很难洗去。

工业上控制氢氧化铝晶体中：$w(SiO_2) < 0.01\%$，$w(Fe_2O_3) < 0.05\%$，$w(Na_2O) <$ 0.6%。

5.2.2　氢氧化铝的物理性能要求

氢氧化铝的物理性能主要包括粒度、强度和形貌结构。

氧化铝的粒度和强度在很大程度上取决于原始氢氧化铝的粒度和氢氧化铝颗粒的形貌结构，得到粒度较粗和形貌结构适宜的氢氧化铝是生产砂状氧化铝的必要条件。如果氢氧化铝粒度过细，不仅满足不了砂状氧化铝的要求，还使过滤机的产能显著下降。同时细粒子氢氧化铝含有的水分较多，增加焙烧热耗，并增大粉尘损失。因此在晶种分解过程中，控制产品质量主要是保证分解产物氢氧化铝具有所要求的粒度、强度和颗粒形貌结构。

5.3　晶种分解的基本原理

过饱和铝酸钠溶液可以自发分解析出氢氧化铝，但分解速度很慢且产品粒度很细。为了满足工业生产要求，铝酸钠溶液分解必须添加大量的氢氧化铝晶种，才能获得高的分解速度，并得到物理性能符合要求的冶金级氧化铝产品。

在晶种分解生产中，将换热后的精液送入分解槽内，通过加入氢氧化铝晶种，不断搅拌并逐渐降温，使过饱和的铝酸钠溶液发生分解反应析出氢氧化铝结晶，同时得到含有苛性碱的分解母液。化学反应如下：

$$NaAl(OH)_4 + xAl(OH)_3 \xrightarrow{分解} (x+1)Al(OH)_3 + NaOH$$
$$\text{分解精液}\qquad\text{晶种}\qquad\qquad\text{晶体}\qquad\quad\text{分解母液}$$

晶种分解的主要设备为带有搅拌装置的分解槽。晶种分解的基本原理可以从化学过程和物理过程两个方面进行描述。

5.3.1　晶种分解的化学过程

在拜耳法中，溶出是使矿石里的氧化铝溶解于碱液中制得铝酸钠溶液。而分解却是将铝酸钠溶液中的氧化铝以氢氧化铝结晶形式析出的过程，表示拜耳法原理的化学反应式为：

$$Al_2O_3 \cdot xH_2O + NaOH \underset{分解(低温)}{\overset{溶出(高温)}{\rightleftharpoons}} NaAl(OH)_4$$

对于这个可逆反应：

（1）当控制在高温、高苛性比值和高碱浓度的反应条件下，反应向右进行，即为铝土矿的溶出过程，制得铝酸钠溶液。

（2）当控制在低温、低苛性比值和低（适中）碱浓度的反应条件下，反应向左进行，即为过饱和的铝酸钠溶液结晶析出氢氧化铝的化学过程，并得到含有苛性碱的分解母液。

晶种分解所要控制的条件就是使上述反应不断向左进行。

5.3.2　晶种分解的物理过程

晶种分解的物理过程就是氢氧化铝结晶析出的过程。对于添加氢氧化铝晶种的作用机理有不同的观点，一般认为添加的氢氧化铝晶种作为结晶析出的核心，可明显加快分解速度，促进晶体长大。氢氧化铝晶种的加入，克服了不能自发生成晶核的困难，使氢氧化铝更容易结晶析出。但铝酸钠溶液的晶种分解过程不只是单纯的晶种长大，同时还进行着一些其他的物理化学变化。很多现象和研究结果表明，从铝酸钠溶液中析出氢氧化铝结晶的过程是极其复杂的，其中主要包括：氢氧化铝晶核形成、氢氧化铝晶体长大、氢氧化铝晶体破裂以及氢氧化铝晶体附聚等。

5.3.2.1 氢氧化铝晶核形成

氢氧化铝晶核的形成过程主要包括自发成核和二次成核两类情况：

（1）自发成核。精液是一种处于过饱和状态的不稳定溶液，这种溶液能自发分解析出氢氧化铝，但是自发成核过程需要很长时间。因此工业生产上，通常不依赖自发成核，而是人为添加形核剂，即向分解精液中添加氢氧化铝晶种来克服晶核自发生成的困难，使氢氧化铝直接在晶种表面分解析出，进而提高分解速度，增加氢氧化铝晶体的粒度。

（2）二次成核。在原始溶液过饱和度高而晶种比表面积小、分解速度快的条件下，会在晶种表面产生大量新晶核，这些新晶核部分脱落进入溶液，就称为二次成核。二次成核越多，分解析出的氢氧化铝粒度越细，因此生产上不希望有过多的二次成核。随着晶种数量的增加和分解温度的提高，二次晶核生成量减少，因此可通过控制分解温度和晶体长大的速度，来减少二次成核的数量。

5.3.2.2 氢氧化铝晶体长大

氢氧化铝晶体长大的速度取决于分解温度和溶液的过饱和度。当分解温度高或溶液过饱和度高时，均有利于晶体长大。溶液中有机物等杂质的存在，则会降低晶体的长大速度。

温度影响溶液黏度和晶体的运动速度，进而影响晶体颗粒的聚集。分解温度高，溶液黏度小，晶体运动速度快，晶体附聚概率增加，有利于晶体长大，即温度影响多个晶体附聚使晶体长大的过程。

溶液过饱和度影响分解反应速度和生成氢氧化铝的量，进而影响晶体颗粒长大。溶液过饱和度高，生成氢氧化铝的速度和数量增加，则有利于晶体长大，即溶液过饱和度影响单个晶体长大的过程。

通常情况下，温度高、过饱和度适宜，使单个晶体缓慢且均匀长大，减少了枝晶的生成，弱化了二次成核，提高了附聚效果，最终可得到颗粒粗、强度高的氢氧化铝晶体。

5.3.2.3 氢氧化铝晶体破裂

氢氧化铝晶体的破裂是由于晶体颗粒之间的碰撞，以及颗粒与槽壁、搅拌器之间的碰撞，造成晶体破裂的现象。氢氧化铝晶体破裂越多，二次成核越严重，晶核数量就越多，进而导致氢氧化铝晶体的粒度越细小。

生产中，应尽可能使单个氢氧化铝晶体均匀缓慢长大，增加晶体强度，避免晶体过多的碰撞而破裂。

5.3.2.4　氢氧化铝晶体附聚

除晶体的直接长大外，在适当的搅拌条件和较高的分解温度下，较细的氢氧化铝晶体颗粒还会附聚成较大的颗粒，同时伴随着颗粒数目的减少。附聚是指一些细小的晶粒相互依附并黏结成为一个较大的颗粒的过程，是颗粒粒度长大的一个重要手段。氢氧化铝颗粒附聚的机理包括两个步骤：

（1）细小的氢氧化铝晶体互相接触，其中一些会结合成松散絮团，但其机械强度小，容易重新分裂。

（2）絮团在未分裂时，由于溶液新分解出来的氢氧化铝起到了一种"黏结剂"的作用，将絮团中的各个晶粒胶结在一起，形成了坚实的附聚物。

研究表明，较低的精液苛性比，晶种粒度小而颗粒数目较少，较高的分解温度和适宜的溶液过饱和度，均有利于细小颗粒的附聚。在分解初期，由于分解温度较高，溶液的过饱和度不高，细小的氢氧化铝能较快地进行附聚，且均匀长大，随着分解过程的进行，分解温度降低，附聚作用将急剧减弱。

通过对氢氧化铝结晶析出过程的分析，我们可以总结得出以下结论：

工业上为得到颗粒粗、强度高的氢氧化铝晶体，分解时就必须尽量减弱氢氧化铝晶体的二次成核和破裂两个过程，控制相关条件加强氢氧化铝晶体的均匀长大和附聚两个过程。对于均匀长大过程，主要受溶液过饱和度影响，即过饱和度适宜（不高），使晶粒缓慢均匀长大，强度增加。对于附聚过程，主要受温度影响，即分解温度越高，晶体附聚效果越好，晶体粒度就越粗。因此，生产上适当提高分解温度，使精液过饱和度适宜（不高），是得到颗粒较粗、强度较高的氢氧化铝晶体的有效方法。

5.4　衡量晶种分解作业效果的指标

衡量晶种分解作业效果的主要指标包括氢氧化铝的品质、氧化铝的分解率、溶液的产出率以及分解槽的单位产能，这几项指标既互相联系又相互制约。对氢氧化铝的品质要求，主要包括纯度和物理性能两个方面，而物理性能主要为颗粒的粒度、强度和形貌结构。这部分内容已在 5.2 节中做过介绍，本节中不再详细说明。

5.4.1　氧化铝的分解率

氧化铝的分解率是分解工序的主要指标。分解率是指从铝酸钠溶液析出的氢氧化铝中氧化铝的质量占分解前精液中所含氧化铝总质量的百分数，其定义式为：

$$\eta = \frac{\text{分解析出氢氧化铝中氧化铝的质量}}{\text{精液中含氧化铝的质量}} \times 100\% = \frac{A_{\text{析}}}{A_{\text{精}}} \times 100\% = \frac{A_{\text{产}}}{A_{\text{精}}} \times 100\% \quad (5\text{-}1)$$

由于分解过程中铝酸钠溶液的浓度和体积发生变化，因此不能直接采用溶液中的氧化铝质量浓度来计算，而分解前后苛性碱的绝对数值变化不大，可以作为内标。因此利用溶液分解前后的苛性比来计算分解率，经过简单推导得到氧化铝分解率的计算式如下：

$$\eta = \left(1 - \frac{A_{\text{母}}}{A_{\text{精}}}\right) \times 100\% = \left(1 - \frac{A_{\text{母}}/N_{\text{母}}}{A_{\text{精}}/N_{\text{精}}}\right) \times 100\%$$

$$= \left(1 - \frac{1/\alpha_{K母}}{1/\alpha_{K精}}\right) \times 100\% = \left(1 - \frac{\alpha_{K精}}{\alpha_{K母}}\right) \times 100\% \qquad (5\text{-}2)$$

式中　η——氧化铝的分解率，%；

　　$A_{析}$——分解析出氢氧化铝中氧化铝的质量或质量浓度；

　　$A_{精}$——精液中氧化铝的质量或质量浓度；

　　$A_{产}$——生产得到的氧化铝质量，$A_{产} = A_{析}$；

　　$A_{母}$——分解母液中氧化铝的质量或质量浓度，$A_{母} = A_{精} - A_{析}$；

　　$N_{母}$——分解母液中苛性碱的质量或质量浓度；

　　$N_{精}$——精液中苛性碱的质量或质量浓度，$N_{精} \approx N_{母}$；

　　$\alpha_{K精}$——精液的苛性比；

　　$\alpha_{K母}$——分解母液的苛性比。

　　从分解率计算公式（5-2）可以看出，当分解精液的苛性比一定时，分解母液苛性比值越高，则分解率越高；在控制一定的分解母液苛性比时，分解精液的苛性比越低，分解率越高。因此降低分解精液的苛性比或提高分解母液的苛性比值，均可以提高氧化铝的分解率，提高碱的循环效率。

　　分解母液中含有少量的以浮游物形式存在的细粒子氢氧化铝，在后续母液蒸发过程中，这些细粒子氢氧化铝重新溶解，使蒸发母液的苛性比略有降低，实际的分解率有所降低。因此，应尽量减少母液中的浮游物含量。

5.4.2　溶液的产出率

　　溶液的产出率是指从单位体积溶液中分解析出的氧化铝量，它与分解精液的氧化铝浓度和分解率有关，计算式如下：

$$Q = A_{精}\eta \qquad (5\text{-}3)$$

式中　Q——溶液的产出率，kg/m^3；

　　$A_{精}$——精液中 Al_2O_3 的浓度，kg/m^3 或 g/L；

　　η——分解率。

5.4.3　分解槽的单位产能

　　分解槽的单位产能是指单位时间内（每小时或每昼夜）从分解槽单位体积的溶液中分解析出的氧化铝量，计算式如下：

$$P = \frac{Q}{T} = \frac{A_{精}\eta}{T} \qquad (5\text{-}4)$$

式中　P——分解槽的单位产能，$kg/(m^3 \cdot h)$；

　　$A_{精}$——精液中 Al_2O_3 的浓度，kg/m^3 或 g/L；

　　T——分解时间，h；

　　η——分解率。

　　如，某氧化铝厂，已知分解母液的苛性比 α_{K1} 为 3.50，分解精液的苛性比 α_{K2} 为 1.62，分解精液中氧化铝的浓度为 $120kg/m^3$，分解所用时间 36h，试计算氧化铝的分解率、溶液的产出率和分解槽的单位产能。

分解率：$\eta = \left(1 - \dfrac{\alpha_{K精}}{\alpha_{K母}}\right) \times 100\% = \left(1 - \dfrac{1.62}{3.50}\right) \times 100\% = 53.7\%$

产出率：$Q = A_{精}\eta = 120 \times 53.7\% = 64.4 \text{kg/m}^3$

分解槽的单位产能：$P = \dfrac{Q}{T} = \dfrac{A_{精}\eta}{T} = \dfrac{120 \times 53.7\%}{36} = 1.79 \text{kg/(m}^3 \cdot \text{h)}$

在氧化铝生产中，获得高的氧化铝分解率、溶液产出率、分解槽的单位产能和制取粒度粗、强度大的产品的分解条件是相互矛盾的。选择合适的分解作业条件，因此，保证产品既有适当的粒度分布，同时又能取得高的氧化铝分解率、溶液产出率是晶种分解工序需要解决的首要问题。

5.5　影响晶种分解过程的主要因素

生产上，对晶种分解的技术要求主要从工艺和产品两个角度分析。工艺上要求生产效率高，即分解速度、分解率、产出率、分解槽的单位产能等指标达标。产品上要求氢氧化铝、氧化铝品质好，即氢氧化铝、氧化铝等产品的纯度、粒度和强度达标。因此掌握各种因素对晶种分解过程的影响规律和结果，才能在晶种分解生产中重点控制和优化生产工艺参数，确保生产的优质和高效。

铝酸钠溶液的分解和溶出是同一个可逆反应朝着不同方向进行的两个过程，能使溶液稳定性下降的因素，都将加快晶种分解速度。影响晶种分解过程的因素很多，主要包括分解精液苛性比和浓度、分解温度、晶种数量与质量、分解时间、搅拌强度、溶液杂质等。它们带来的影响是多方面且复杂的，并且因具体条件的不同而有很大差异。在考察各个因素的作用时需要联系氧化铝产品质量、分解率、产出率等主要指标进行全面、辩证地分析。

5.5.1　分解精液苛性比和浓度的影响

分解精液的苛性比值和浓度涉及到分解精液的过饱和度，是影响分解速度、氧化铝产出率、产品氢氧化铝粒度和强度的最主要因素。

分解精液的苛性比值对分解速度影响很大，降低分解精液的苛性比对分解速度的作用在分解初期尤为明显。随着精液苛性比的降低，分解速度、分解率和分解槽的单位产能均显著提高。实践证明，分解精液的苛性比每降低 0.1，分解率一般约提高 3%。降低分解精液苛性比值是强化晶种分解过程，提高技术经济指标的主要途径之一，生产上分解精液苛性比通常控制在 1.4~1.7。图 5-1 是分解精液苛性比对分解率的影响关系图，分解条件为分解精液 Na_2O_K 浓度 155g/L、晶种量 450g/L、分解初温 72℃、分解终温 52℃。

在其他条件相同时，中等浓度的过饱和铝酸钠溶液具有较低的稳定性，因而分解速度较快。图 5-2 所示为分解精液浓度对拜耳法种分过程分解率和产出率的影响。可以看出，适当的提高精液的浓度可以节约能耗并增加产量。但随着溶液浓度的提高，分解率和循环母液苛性比值会有所降低，这对赤泥和氢氧化铝的分离洗涤以及砂状氧化铝的制备均不利。所以，过分降低和提高分解精液浓度对生产都有不利影响。工业上，可采用中等浓度溶液进行分解，并用洗涤后的氢氧化铝作为晶种，增大晶种系数，提高搅拌速度，使分解速度提高的同时又保证了产量。

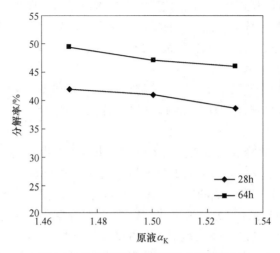

图 5-1 分解精液苛性比对分解率的影响

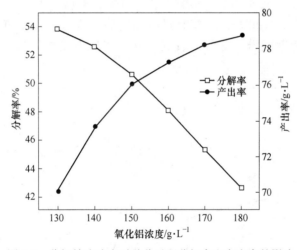

图 5-2 分解精液浓度对种分过程分解率和产出率的影响

5.5.2 分解温度的影响

分解温度直接影响铝酸钠溶液的稳定性、分解速度、分解率以及氢氧化铝的粒度和强度，既影响工艺效率又影响产品品质，但是工艺效率和产品品质却不能朝着同一方向发展。因此，温度是晶种分解的最重要影响因素之一。工业上采用将溶液逐渐降温的变温分解制度，寻求效率和品质间的平衡，这样有利于保证在较高分解率的条件下，获得质量较好的氢氧化铝。

当采用较低的分解初温时：从工艺效率上看，溶液过饱和度大，稳定性低，分解速度快，氧化铝的分解率和分解槽单位产能较高。再从产品质量上看，溶液过饱和度大，稳定性低，晶体附聚效果差，晶体长大速度慢，长大不均匀，晶核较多，最终得到晶体数量多、粒度小的氢氧化铝。

　　当采用较高的分解初温时：从工艺效率上看，溶液过饱和度小，稳定性高，分解速度慢，氧化铝的分解率和分解槽单位产能较低。再从产品质量上看，溶液过饱和度小，稳定性高，晶体附聚效果好，晶体长大速度快，长大均匀，晶核较少，最终得到晶体数量少、粒度粗、强度大的氢氧化铝。

　　因此，确定合理的分解降温制度，即分解初温、终温和降温速度，得到合理的降温曲线，可以在保证获得较高分解速度、分解率的同时，获得纯度、粒度、强度较好的氢氧化铝。

　　在工业生产中，分解降温制度要根据生产的需求全面考虑。生产面粉状氧化铝时，先快速地降低分解初温，即将 90~100℃ 的分解精液迅速地降至 60~65℃，然后保持一定的速率降至分解终温 40℃ 左右，如图 5-3 （a） 所示。这种降温制度，因为前期急剧降温，破坏了铝酸钠溶液的稳定性，分解速度快，这样就使晶种分解的前期生成大量的晶核；在分解后期，温度下降缓慢，晶核就有足够的时间长大。因此，产品氢氧化铝的粒度和强度得以保证，而最终的分解率也得以提高。分解产品为晶体数量较多，粒度较细，有一定强度的氢氧化铝。而在生产砂状氧化铝时，就要控制较高的分解初温（70~85℃）和分解终温（60℃左右），缓慢降温，如图 5-3 （b） 所示。该温度制度下，溶液过饱和度不高，附聚效果好，晶核有足够的时间长大，保证了氢氧化铝晶体的粒度和强度；但是分解速度减慢，分解率较低。分解产品为晶体数量不多，粒度较粗，有一定强度的氢氧化铝。

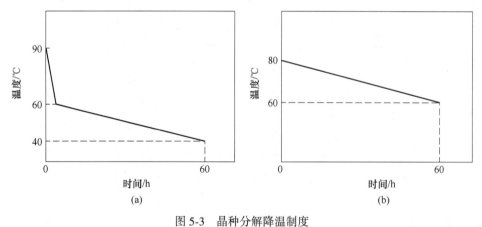

图 5-3　晶种分解降温制度
（a）生产面粉状氧化铝；（b）生产砂状氧化铝

5.5.3　晶种数量和质量的影响

　　晶种数量与质量是影响分解速度和产品粒度的重要因素之一，添加大量的氢氧化铝晶种进行分解是拜耳法生产氧化铝的一个重要特征。在分解过程中，加入氢氧化铝晶种，可使分解直接在晶种表面进行，克服了漫长自发成核的困难，防止自发析出极细的氢氧化铝晶体，加快了铝酸钠溶液的分解速度，可以得到粒度合格的氢氧化铝产品。

　　晶种数量通常用晶种系数（也称为种子比）来表示。晶种系数是指添加晶种氢氧化铝中的氧化铝质量与分解精液中氧化铝质量的比值，计算公式为：

$$晶种系数 = \frac{晶种氢氧化铝中氧化铝的质量}{精液中含氧化铝质量} = \frac{A_{晶}}{A_{精}} \quad (5-5)$$

式中 $A_{晶}$——晶种氢氧化铝中的氧化铝质量或质量浓度；

$A_{精}$——分解精液中所含氧化铝的质量或质量浓度。

添加氢氧化铝晶种是为了克服晶核生成的困难，防止自发析出极细的氢氧化铝颗粒。随着晶种系数的增加，分解速度、分解率提高，特别是当晶种系数较小时，提高晶种系数对分解速度、分解率的影响更明显；当晶种系数达到一定的数值时，再进一步提高晶种系数对分解速度、分解率的增加有限。如图 5-4 给出了晶种添加量对 28h 和 64h 分解率的影响关系。由图可见，在其他条件相同时，随着晶种添加量的增加，分解速度、分解率加快。但是，无限制地增加晶种添加量，一方面，使氢氧化铝在生产流程中的循环量增大，带来设备和动力消耗的增加；另一方面，如果晶种不洗涤，晶种添加量的增加将导致晶种挟带的液体量增多，分解精液的苛性比值升高，影响分解速度和效率。生产上，晶种系数一般在 1.0~3.0 的范围内波动。

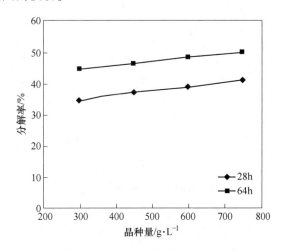

图 5-4 晶种添加量对分解率的影响

晶种的质量是指晶种的活性和强度大小，它取决于晶种的制备方法、条件、储存时间长短以及粒度和结构。因为铝酸钠溶液分解是从晶种表面开始的，晶种的比表面和表面结构在很大程度上决定着晶种的活性。但不是所有的表面积都起作用，只有表面上的微观缺陷、晶体的棱和角是活性点。一般来讲，新分解析出的氢氧化铝的活性比经过长时间循环的氢氧化铝大很多；细粒子、比表面积大的氢氧化铝的活性远大于粗颗粒、结晶完整的氢氧化铝。现在氧化铝厂都采用循环氢氧化铝作为晶种。通过分级的方法，将分离出来的细粒氢氧化铝作为晶种返回分解系统，粗粒氢氧化铝作为产品送入焙烧系统。

如，一个日产 1200t 氧化铝厂，分解槽分解效率为 60%，分解周期为 72h，当晶种系数为 2 时，请计算生产中用于周转的氢氧化铝晶种的量。

$$\eta = \frac{A_{产}}{A_{精}} \times 100\% = \frac{1200}{A_{精}} \times 100\% = 60\% \Rightarrow A_{精} = 2000t$$

$$晶种系数 = \frac{A_{晶}}{A_{精}} = \frac{A_{晶}}{2000} = 2 \Rightarrow A_{晶} = 4000t$$

$$AH_{晶} = \frac{A_{晶}}{65.4\%} \times \frac{72}{24} = 18348.6t$$

5.5.4　分解时间的影响

在其他条件相同的情况下，随着分解时间的延长，分解率提高，分解母液的苛性比值增加。图 5-5 给出了分解条件为分解精液 N_K = 155g/L、α_K = 1.51、晶种量为 600g/L、分解初温 72℃、分解终温 52℃ 的分解率与分解时间的关系曲线。

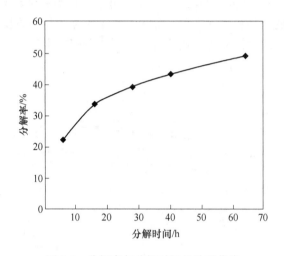

图 5-5　分解率与分解时间的关系曲线

由图 5-5 中的曲线可知，在分解前期，随着分解时间的延长，分解率增加迅速，随着分解时间的继续延长，分解速度越来越慢，分解母液苛性比值的增加也相应减小，分解率增加的速度减慢；到分解末期，分解率增加非常缓慢。因此，过分延长分解时间来提高分解率是不适宜的。同时，随着分解时间的延长，细粒子含量增加。分解后期产生细粒子是因为随着分解过程的进行，溶液过饱和度减小，温度降低，黏度增大，结晶长大的速度减小；同时分解时间延长，晶体破裂和磨蚀的概率增大。但分解时间太短，分解率低，返回系统的氧化铝量增加，分解母液苛性比过低，不利于溶出，并增加了整个流程的物料流量。所以要根据具体情况确定分解时间，以保证分解槽有较高的产能，并达到一定的分解率。

5.5.5　搅拌强度的影响

晶种分解过程中通过搅拌使氢氧化铝晶种在分解槽中保持悬浮状态，保证晶种与溶液形成良好的接触。搅拌使溶液的扩散速度加快，保持溶液成分均匀，破坏溶液的稳定性，加速铝酸钠溶液的分解，并能使氢氧化铝晶体均匀长大，同时也防止了氢氧化铝沉淀的发生。搅拌速度过快和过慢都是不利的，搅拌过慢不仅起不到应有的搅拌作用，甚至可能造成氢氧化铝的沉淀，影响正常生产的进行；搅拌过快则易产生过多的氢氧化铝细粒子。当分解精液浓度较低（如 $N_T < 150g/L$）时，搅拌速度对分解速度的影响不明显；当分解精液浓度较高（如 N_T 达到 $160 \sim 170g/L$）时，加强搅拌可在一定程度上使分解率显著提高。因此，应根据分解过程溶液浓度，确定合适的搅拌速度。

5.5.6 溶液杂质的影响

铝酸钠溶液中的杂质通常有二氧化硅、有机物、硫酸钠、碳酸钠以及其他微量元素等，大多数杂质对分解速度和产品质量均有一定程度的不良影响。溶液中不同杂质对晶种分解过程的影响见表5-1。

表 5-1　溶液中不同杂质对晶种分解过程的影响

杂　质	杂 质 影 响
二氧化硅	增加溶液稳定性，阻碍分解过程进行，含量少，影响小
有机物	增加溶液黏度和稳定性，降低分解速度，吸附于晶体表面，阻碍晶体长大，使分解产物粒度变细，其中草酸钠的危害最大
硫酸钠	使分解速度降低，含量低时影响不明显
碳酸钠	使溶液黏度增加，影响分解速度
氯离子	引起氢氧化铝溶解度提高，对铝土矿溶出有积极作用，但会使分解率下降，分解产物粒度变细

影响分解率和产品质量的因素很多，合理的分解作业条件主要包括合适的晶种数量和质量、合理的降温分解制度等，同时要保持物料的平衡操作，以获得适宜的分解率和较理想的产品质量。

5.6　晶种分解工艺和主要设备

5.6.1 连续分解的工艺流程

在氧化铝工业中，常用的晶种分解工艺包括一段分解、两段分解和连续分解工艺。一段分解工艺中，种子不分级，粗细种子同时加入分解槽。两段分解工艺中，将种子分成粗细两种，细种子先加入高温区促进附聚，粗种子后加入使晶体长大。连续分解工艺中，进料、分解、出料都在一个分解槽系列进行。目前大多数氧化铝厂采用一段式连续分解工艺，简单工艺设备流程图如图5-6所示。

精液首先进入板式热交换器与分解母液换热冷却降温，然后再泵入进料分解槽。同时，向分解槽内加入氢氧化铝晶种。分解料浆在一组串联的分解槽内进行降温、搅拌，实现连续分解。浆液通过位差自流，利用具有一定坡度的溜槽从一个分解槽流到另一个分解槽。当达到分解时间时，料浆经旋流器分级后从出料分解槽排出。分级出的粗粒氢氧化铝料浆送往平盘过滤机过滤洗涤，分级出的细粒氢氧化铝料浆送往立盘过滤机过滤，滤饼作为种子返回分解槽，滤液作为分解母液送板式换热器升温。

由于是连续作业，其特点是操作简单、劳动强度小、设备运转率和劳动生产率较高；

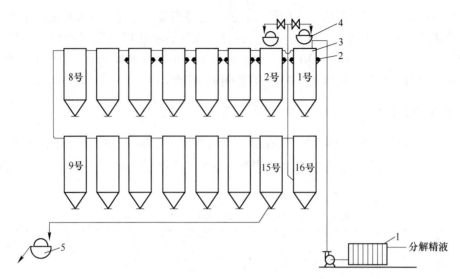

图 5-6　连续分解的简单工艺设备流程

1—板式换热器；2—冷却水管；3—1~16 号分解槽；4—晶种过滤机；5—成品过滤机

便于集中管理，容易实现作业自动化控制；在分解过程中技术条件互相影响较大。

　　图 5-7 给出了国内某氧化铝厂晶种分解生产工艺流程。该氧化铝厂分解系统主要采用一段式连续分解工艺，包括板式换热、分解分级、成品过滤洗涤、种子过滤和冷却水循环等工作任务。

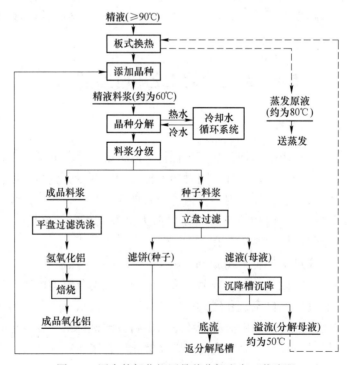

图 5-7　国内某氧化铝厂晶种分解生产工艺流程

首先，由沉降区叶滤工序送来的90℃以上的精液与50℃左右的分解母液在板式换热器中进行换热，即实现母液升温，精液降温。再将降温后约为60℃的精液送往晶种槽，与过滤出的晶种充分混合，得到60℃左右的混合料浆。然后将混合料浆送往分解首槽和第二分解槽开始晶种分解。在分解槽中，料浆通过冷却水循环系统、宽流道板式换热器、螺旋板式换热器等中间降温设备降温，控制分解温度，建立合理的降温机制，并不断搅拌，使铝酸钠溶液分解析出氢氧化铝晶体和苛性碱溶液，达到较高的分解率和合格的产品粒度。料浆从倒数第三个分解槽出来，经水力旋流器分级后，高固含、大粒度氢氧化铝料浆送往平盘过滤机进行过滤和洗涤。分级出细粒的氢氧化铝料浆被送往最后两个分解槽缓冲储存，并自压流至立盘过滤机进行种子过滤，得到滤饼和滤液。滤饼作为晶种，在晶种槽中与降温后的精液充分混合，再一同送往分解槽进行晶种分解；滤液进入母液槽，再送入细种子沉降槽沉降，溢流经板式换热器与精液进行换热升温至80℃左右，作为蒸发原液送往多效蒸发系统，底流返回分解尾槽。

生产中，料浆在分解槽之间的流动方式常采用位差自流，利用具有一定坡度的溜槽从一个分解槽流到另一个分解槽。所谓的位差自流即为物料在自身重力的作用下，自行从高处流向低处。正如前面所讲，在晶种分解生产中，通常是由多个分解槽串联组成一个生产系列。那么对于这个串联的生产系列，该如何解决其中的某个分解槽因故障停槽，而不影响整个分解生产的顺利进行呢？在实际生产中，常用闸板阀和短路溜槽来解决这个问题。如图5-8所示，分解槽B因故障需要停槽检修，为了保证整个分解生产的顺利进行，需要隔离分解槽B，并保证分解槽A中的物料能够绕过分解槽B而流入分解槽C。则需要通过改变闸板阀的方向，使从分解槽A出来的物料流入短路溜槽，绕过分解槽B而进入分解槽C。如此设计，是保证分解生产顺利进行的关键所在。

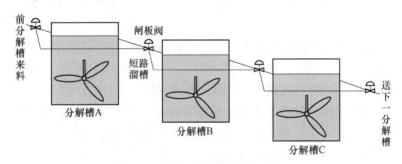

图5-8 料浆在分解槽间的流动方式

5.6.2 晶种分解的主要设备

5.6.2.1 分解槽

种子搅拌分解槽有空气搅拌分解槽和机械搅拌分解槽两种。过去多数工厂使用空气搅拌分解槽，随着氧化铝生产装备的大型化和节能化，现在多采用机械搅拌分解槽。

空气搅拌分解槽的搅拌装置是利用空气升液器的原理，即沿主风管不断地通入压缩空气，使翻料管的下部不断形成密度小于管外浆液的气、液、固三相混合物，利用密度不同所造成的压力差使浆液循环而达到搅拌的目的。空气搅拌分解槽示意图如图5-9所示。

早期的机械搅拌分解槽如图 5-10 所示。它具有如下特点：中心循环管内液体流动方向向下，从循环管出来后向上流动，循环量大，搅拌均匀，不易产生结疤；中心循环管上小下大，进出口均为铃口形，循环扬程低；搅拌叶轮为轴流式叶片叶轮，转速低，寿命长；在分解槽内设置六层盘旋冷却水管，改善了外喷淋的冷却效果。因此，其总能耗低于空气搅拌分解槽。

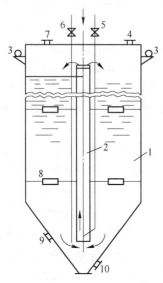

图 5-9 空气搅拌分解槽示意图
1—槽体；2—翻料管；3—冷却水管；4—进料管口；5—主风管；
6—副风管；7—排气口；8—拉杆；9—人孔；10—放料口

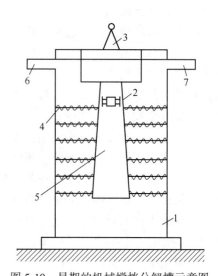

图 5-10 早期的机械搅拌分解槽示意图
1—槽体；2—叶轮；3—传动装置；4—盘旋冷却管；
5—中心循环管；6—进料溜槽；7—出料溜槽

现代大型机械搅拌分解槽结构包括电动机、槽体、减速机、中心轴、桨叶、底瓦、折流板、提料管及风管、溜槽、人孔、底部出料口等，如图 5-11 所示。20 世纪 80 ~ 90 年代，我国从国外引进了大型机械搅拌分解槽，其特点是槽容量大，如广西平果氧化铝厂采用 $\phi 14mm \times 30m$ 的平底机械搅拌分解槽，容积 $4400m^3$。这种大型分解槽的优点是：动力消耗低、结疤少、搅拌均匀，槽内任意两点之间的料浆固含差小于 3%、固含可达 700 ~ 900g/L。目前大型机械搅拌分解槽在我国已完全消化吸收，新建拜耳法氧化铝厂的分解工序均采用该种槽型。我国某氧化铝厂使用的大型机械搅拌分解槽外观如图 5-12 所示。

现代分解槽向大型化发展，且多采用平底机械搅拌分解槽主要优点是：

(1) 动力消耗少。

(2) 溶液循环量大，槽内结垢少。

(3) 提高分解槽有效容积，避免空气搅拌分解槽料浆"短路"现象。

(4) 避免了空气搅拌时溶液吸收 CO_2，使部分苛性碱变成碳酸碱的缺点。

图 5-13 所示为我国某氧化铝厂所使用的大型机械搅拌分解槽工作原理示意图，该分解槽的两个重要部分是搅拌装置和提料装置。

搅拌装置：电动机通过减速机带动槽子的中心轴旋转，安装在中心轴上的桨叶在旋转过程中对料浆起到搅拌的作用。精液和晶种的混合料浆由进料溜槽进入分解槽顶部，在自

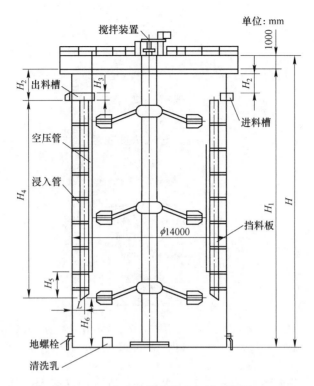

图 5-11　大型机械搅拌分解槽示意图

图 5-12　我国某氧化铝厂大型机械搅拌分解槽

身重力和进料推力的作用下，由槽顶部缓慢地流向底部，期间在搅拌桨叶和折流板的作用下使氢氧化铝晶种在铝酸钠溶液中保持悬浮状态，以保证种子与溶液有良好的接触；另外，还使溶液的扩散速度加快，保持溶液浓度均匀，破坏溶液的稳定性，加速铝酸钠溶液的分解，并能使氢氧化铝晶体均匀长大，同时也防止了氢氧化铝的沉淀。

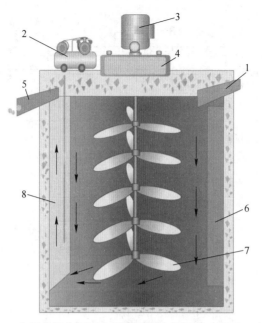

图 5-13　我国某氧化铝厂大型机械搅拌分解槽工作原理示意图
1—进料溜槽；2—空压机；3—电动机；4—减速机；5—出料溜槽；6—折流板；7—搅拌桨叶；8—提料筒

提料装置：进入分解槽的料浆利用槽体容积，进行中间降温，停留一段时间发生分解，之后再利用空气升液器的原理由提料筒排出。也就是，压缩空气沿风管不断进入提料筒内，在提料筒下部形成密度小于筒外料浆的气、固、液三相混合物。利用提料筒内外料浆密度不同造成的压力差，使料浆不断沿提料筒内部向上运动至出口溜槽，通过溜槽进入下一分解槽。

5.6.2.2　降温冷却设备

晶种分解过程中降温冷却的目的可以概括为两点：一是为了使分解精液具有一定的初温，在分解前需要对精液进行冷却；二是为达到提高分解率的目的，在分解过程中需要设置中间降温。在实际生产过程中均是采用降温设备实现精液或分解浆液的降温，氧化铝生产中常用的降温设备主要有板式换热器、螺旋板式换热器、宽流道板式换热器、闪速蒸发换热系统（多级真空降温）等。

A　板式换热器

板式换热器是一种热交换设备，其具有热效率高、结构紧凑、拆洗方便等特点，目前广泛应用于氧化铝生产中。

板式换热器常用于分解前精液的降温，其传热机理是依据热力学第二定律"热量总是由高温物体自发地传向低温物体"，当精液（热流体）和母液（冷流体）这两种流体存在温度差时，就必然有热量的传递。在板式换热器中，热流体精液和冷流体母液只有热量交换，而没有物质接触，高温的精液将热量传递给低温的母液，最终使精液降温后送往晶种分解，母液升温后送往多效蒸发。

板式换热器是由许多压制成型的波纹金属薄板片按一定的间隔排列，四周通过垫片密封，并通过框架和夹紧螺栓副进行压紧制成的换热设备。板片上装有密封垫片，板片和垫片的四个角孔形成了流体的分配管和汇集管，并引导冷热流体交替地流至各自的通道内。温度较高的流体通过换热板片将热量传递给温度较低的流体，温度较高的流体被冷却，温度较低的流体被加热，进而实现两种流体换热的目的。

　　板式换热器结构包括固定压紧板、上导杆、支柱、垫片、板片、活动压紧板、下导杆、夹紧螺栓、导向垫圈、夹紧螺母等，如图5-14所示。

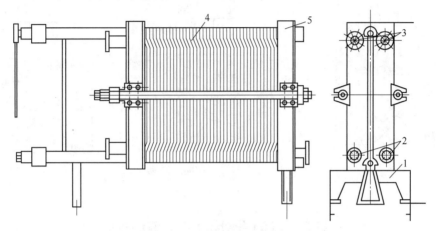

图5-14　板式换热器的结构

1—底座；2，3—固定螺杆；4—板片；5—端板

　　B　螺旋板式换热器

　　螺旋板式热交换器常用于分解过程中的浆料降温。该设备由两张钢板卷制而成，形成了两个均匀的螺旋通道。在壳体上的接管采用切向结构，两种不同温度传热流体分别在各自的螺旋通道进行全逆流流动，温度较高的流体通过换热板片将热量传递给温度较低的流体，温度较高的流体被冷却，温度较低的流体被加热，进而实现两种流体换热的目的。

　　螺旋板式热交换器结构包括板式螺旋体、流体进出接口、支架等。

　　C　宽流道板式换热器

　　宽流道板式换热器是一种用于生产工艺中处理含有固体颗粒、纤维悬浮物以及黏稠状流体加热或冷却的热交换设备。该设备属于间壁式换热器，换热器的结构形式采用了宽窄通道的组合模式，宽通道走料浆，窄通道走液体。通常情况下宽通道侧构成的流体通道称为板程，窄通道侧构成的流体通道称为管程。板程和管程分别通过两种不同温度的流体时，温度较高的流体通过换热板片将热量传递给温度较低的流体，温度较高的流体被冷却，温度较低的流体被加热，进而实现两种流体换热的目的。宽流道板式换热器是板式换热器的一种特殊类型，其换热器板片的特殊设计，保证了在宽间隙通道流体流动顺畅无滞留、无死区、不易产生沉淀堵塞等现象。

　　宽流道板式换热器的板片采用焊接方式制造，换热器由板束、导流管箱、缓冲管箱、压紧板、夹紧螺栓、法兰盖板及支座等主要元件构成。板束是传热核心，其中板片作为导热元件，决定换热器的热力性能。管箱、压紧板、夹紧螺栓主要决定换热器的承压能力及作业运行的安全可靠性。

晶种分解中间降温流程如图 5-15 所示。在生产中，常用的中间降温设备包括宽流道板式换热器和螺旋板式换热器等。这些设备可置于分解槽顶部，连接冷却水循环系统和分解槽。由冷却水循环系统来的冷却水与分解槽内的热料浆在换热设备中进行热交换，冷却水升温、热料浆降温。如此反复操作，可达到分解料浆中间降温冷却的目的。

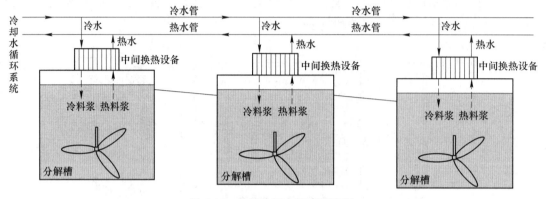

图 5-15　晶种分解中间降温流程

5.7　氢氧化铝的分离和洗涤

5.7.1　氢氧化铝分离和洗涤的工艺

经晶种分解后得到的氢氧化铝料浆，必须进行分离和洗涤。氢氧化铝分离和洗涤的工艺流程如图 5-16 所示。

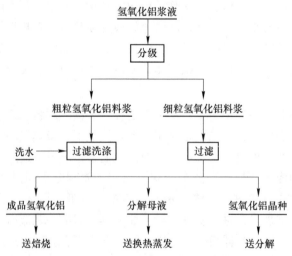

图 5-16　氢氧化铝分离和洗涤的工艺流程

（1）分离的目的。晶种分解得到的产物是由分解母液和氢氧化铝固体颗粒组成的固液混合物，称为氢氧化铝料浆。首先用分级设备将料浆分为粗粒氢氧化铝料浆和细粒氢氧化铝料浆，再用过滤设备将氢氧化铝与母液分离，分离得到的粗粒氢氧化铝经洗涤后作为成品送入焙烧工序，分离得到的细粒氢氧化铝作为晶种返回分解系统，分离得到的母液与精液换热升温后送多效蒸发工序。

（2）氢氧化铝洗涤的目的。氢氧化铝料浆经分级和分离后得到的粗粒氢氧化铝滤饼仍含有一定量的分解母液，必须加以洗涤，回收 Na_2O，保证氢氧化铝成品中 Na_2O 和水的含量符合质量标准要求。

（3）氢氧化铝分离和洗涤的方法。现代氧化铝工业通常采用先分级或沉降浓缩，再进行过滤的联合作业方式。料浆分级常采用旋流分级机进行，种子过滤常采用立盘过滤机实现，成品过滤和洗涤常采用真空平盘过滤机完成。

5.7.2 旋流分级机

在晶种分解过程中，为了实现分解过程的稳定控制，需要对氢氧化铝产品和晶种进行粒度分级。常采用的分级设备是旋流分级机，旋流分级机亦称水力旋流器，相关内容见 2.5.3 节。

水力旋流器的结构和原理：水力旋流器是由上部筒体和下部锥体两大部分组成的非运动型分级设备，其分级原理利用离心力来加速矿粒沉降。水力旋流器主要由给料管、上部筒体、溢流管、下部锥体、沉沙（底流）口、溢流排出管等组成。

5.7.3 立盘过滤机

立盘过滤机常用于分离晶种和母液。立盘过滤机主要由左分配头、槽体、中心轴、扇形板、直齿轮型齿轮箱、轴承座、交流电动机、变频变速器、联轴器、刮刀等组成，其结构形式如图 5-17 所示。

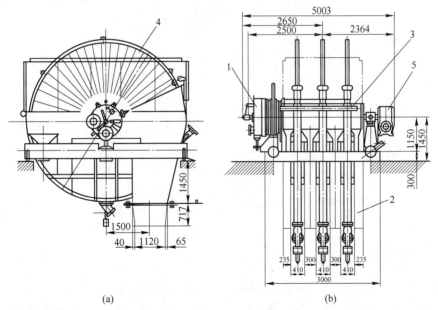

(a)　　　　　　　　　(b)

图 5-17　立盘过滤机结构示意图

（a）左视图；（b）主视图

1—分配头；2—槽体；3—中心轴；4—扇形板；5—传动装置

　　立盘过滤机工作时，过滤机圆盘下部浸没在浆液中，借助真空泵的抽气作用形成负压，在滤板及滤布上吸附料浆，并形成固体颗粒的滤饼，料浆中的液体则通过滤布网孔排出，从而达到固液分离的目的。当圆盘滤板旋转到卸料区时，吹风装置通过吹风压力使滤饼脱落，达到卸料而滤布再生的目的。圆盘每旋转一周就完成一个工作循环。

　　过滤机圆盘包括过滤区、脱水区、卸饼区，形成吸滤、吸干、吹脱滤饼的连续工作过程，其工作流程和原理示意图如图 5-18 所示。

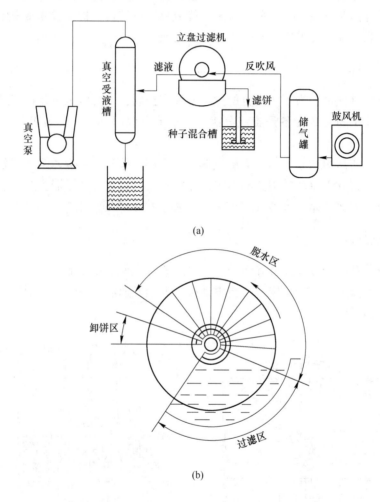

(a)

(b)

图 5-18　立盘过滤机工作流程和原理示意图
（a）设备连接流程图；（b）过滤盘工作原理图

5.7.4　平盘过滤机

　　在氧化铝生产过程中，平盘过滤机用于成品氢氧化铝料浆的分离并二次洗涤。平盘过滤机由驱动装置、平面圆盘、分配阀、回转支撑、卸料螺旋装置、下料和洗涤装置等组成。驱动装置由电动机、减速机、润滑油泵等组成，电动机还配有变频调速装置来调节电动机的转速。过滤机的过滤面是由若干个扇形的滤斗拼接成的一个水平过滤平面，过滤表面上铺有滤布，通过驱动装置做水平回转运动。每个扇形漏斗有一根出液管，汇集到一根滤液总管后到中心分配阀。分配阀又根据生产的要求分为滤液区、一次洗涤区、二次洗涤区及滤布再生区，各作业区与对应的真空系统相通。卸料螺旋装置由电动机、减速机和多头大螺距螺旋卸料器组成，它的安装高度可以进行调整，保持螺旋底面到滤布之间有适当的距离。平盘过滤机立面结构示意图如图 5-19 所示。

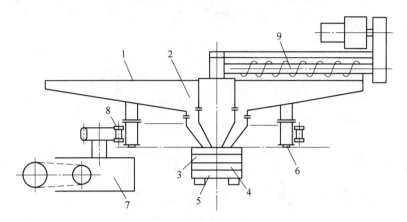

图 5-19　平盘过滤机立面结构示意图
1—平盘；2—吸滤室；3—错气盘；4—分配盘；5—真空头；
6—盘式滚道；7—传动机构；8—驱动齿箱；9—出料螺旋

平盘过滤机工作时，沿着平盘圆周运动方向分为喂料区、反吹区、吸滤区、洗涤区、卸料点等区域，盘面各区域分布情况如图 5-20 所示。

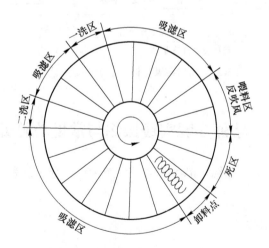

图 5-20　平盘过滤机盘面各区域分布情况

喂料区：成品氢氧化铝料浆均匀铺在过滤平面上。
反吹区：受由下至上的吹风压力，使过滤介质再生。
吸滤区：盘面上的料浆在真空泵作用下被吸滤，实现固液两相分离。
洗涤区：盘面上的固体物料经过多次反向洗涤后，洗去附碱。

卸料点：通过洗涤并充分吸干后的成品氢氧化铝，被螺旋刮出圆盘送往焙烧工序。
整个工作过程在水平盘垂直方向，受真空作用，边旋转边完成过滤洗涤。

国内某氧化铝厂平盘系统工艺流程如图 5-21 所示。

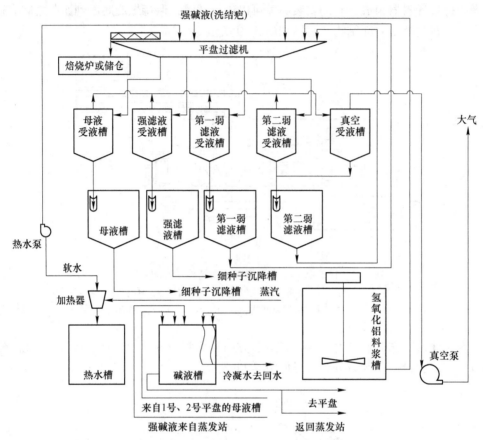

图 5-21　国内某氧化铝厂平盘系统工艺流程

5.8　晶种分解实践操作与常见故障处理

下面以我国某拜耳法氧化铝厂晶种分解的生产为例，介绍晶种分解操作与常见故障的处理。

5.8.1　晶种分解实践操作

5.8.1.1　分解槽开车准备

分解槽开车准备步骤如下：

（1）检查所有安全设施是否齐全、完好，检查安全警示牌和工作票执行情况，检修工作结束并验收合格。

（2）检查供风流程，外部具备供风条件。

（3）检查提料风管是否畅通无阻，所有风阀门是否灵活好用。

（4）检查所有电气设备绝缘是否合格，计控仪表是否完好、显示准确。

（5）检查减速机的油位是否在上下标线之间，启动小油泵检查润滑系统是否正常。

（6）检查分解槽机械搅拌整体情况，合格后进行空试，无问题后停下搅拌。

（7）分解槽内杂物应清理干净，人孔封好。检查相关阀门开关是否到位，灵活好用。

（8）检查所有分解槽进出口及短路溜槽闸板阀开关是否到位，流程正确，流槽杂物清理干净。

（9）工、器具应准备齐全。

5.8.1.2　分解槽开车步骤

分解槽开车步骤如下：

（1）进料前5min启动进料槽搅拌，观察搅拌空转的电流、声音，正常后方可投料。

（2）打开进料溜槽闸板阀，扩槽时让部分料浆进入分解槽，另一部分料浆进入下一分解槽；否则短路溜槽闸板阀关闭，全部料浆进入投用槽（1号槽启动细晶种泵，直接进料）。

（3）当液位达到1.5m时，适当打开提料风阀（以不堵风管为准，末槽除外）。

（4）安排人员检查分解槽底部人孔、各阀门是否漏料。

（5）不断观察搅拌电流，电流正常时方可继续进料；电流偏高时，通过循环泵倒料到指定的槽子，若倒料后电流仍然偏高应停止进料，安排隔离，启动循环泵拉空槽内存料。

（6）当分解槽液位达到25m以上时，适当加大提料风，向下一个分解槽倒料；当槽子体积达到满槽时，调整提料风量，使进出料达到平衡（不出现短路）。

5.8.1.3　分解槽正常作业

分解槽正常作业步骤如下：

（1）及时根据取样化学分析结果调整分解两系列进料量和立盘过滤机开车台数、产能，使两系列精液量与种子添加量尽量平衡。一般情况下，各系列之间首槽氧化铝浓度偏差不大于5g/L，固含偏差不大于50g/L。

（2）分解槽缓冲槽液位达到5m以上，启动循环泵，调整流量，保持出料槽满液位，保证旋流器沉没泵高效率工作。

（3）加强联系，及时了解精液和原液情况，稳定液量。

（4）每4h按规定取样一次进行自测分析，取样后0.5h内必须读取结果，根据结果进行调整：

1）取样作业：分解两系列取样点为1号、9号、14号槽出口。

2）样缸标志明显，缸体清洁无残渣、污物，缸盖齐全。

3）取样前样缸在料中涮两遍，保证取样的准确性。

4）取固含样要从溶液的中部取，样量为250mL左右，取样后要及时盖好缸盖。

5）取样时间：夜班00：10，4：10；早班8：10，12：10；中班16：10，20：10。

（5）班中要对各系列各段首槽、中间槽、出料槽的温度和宽通道、螺旋板式热交换器降温情况准确测量 2 次，并做好记录。

（6）正常情况下，每 2h 要对分解槽运行状况详细地检查一次，以保证分解槽安全、稳定地运行。

（7）对拉槽和放料的槽子必须用液面绳来量体积，以保证交班体积的准确性。

（8）对各班负责的溜槽、宽通道和螺旋板式热交换器结疤箱要及时清理，以保证液量正常通过和板式热交换器降温效果。

（9）槽上提料风阀每天白班要活动一次风门，保证阀门畅通、好用。

（10）对各班负责的机械搅拌槽的润滑部位要及时加油，按周期及时更换变速箱润滑油。

（11）清理或疏通溜槽等作业过程中，不得往槽内掉结疤，防止造成沉槽。

5.8.1.4　分解槽停车步骤

分解槽停车步骤如下：

（1）将短路溜槽结疤、杂物等清理干净，打开短路溜槽闸板阀，关闭分解槽的进口溜槽闸板阀。

（2）加大提料，当料已提不出来时，提料风阀关小，保持适当通风量（以不堵风管为准）。

（3）关闭分解槽出口溜槽闸板阀。

（4）启动循环泵拉空槽内物料。

（5）当槽子拉空后，停分解槽搅拌，关闭提料风阀。

（6）根据槽内结疤情况，安排进行化学清洗，方法如下：

1）启动化学清洗泵，将化学清洗液通过套管换热器加热后送入待清洗槽，启动分解槽搅拌。

2）测量送入待清洗槽的清洗液温度和液位，并适时调整化学清洗泵输送流量和套管换热器蒸汽通入量，使温度控制在要求范围内。

3）化学清洗液的液位达到要求后，停下化学清洗泵，并放空管、泵内存料。关闭加热蒸汽阀门，卸压，放空管路内存水。

4）取样分析清洗槽内溶液浓度，判断清洗效果。清洗结束后，启动循环泵将清洗液撤至化清槽。料撤空后停分解槽搅拌。

（7）联系检修人员对退出的分解槽进行清理检修。

5.8.1.5　紧急停车及汇报处理

紧急停车及汇报处理步骤如下：

（1）分解槽搅拌停车，立即联系电工检查电气设备，同时岗位人员进行设备检查，找出故障原因，并汇报主操作人员及相关负责人。开大提料风阀门，加大提料量，并对分解槽进行盘车，防止沉淀。待故障排除后，恢复开车。若故障不能尽快排除，可能会发生沉槽事故时，安排隔离并撤空该槽。

（2）分解槽高压风停，立即将各槽提料风阀关闭，并汇报主操作人员及相关负责人，联系调度中心尽快恢复供风。如条件允许，停止分解系列进料，加大出料，防止尾槽满槽。待高压风恢复时，立即对各槽（关键槽子优先）通风，观察各槽提料情况是否正常。如有提料不正常槽子，应立即采取措施处理，直到正常为止。

（3）分解槽如有沉槽，立即汇报主操作人员和有关管理人员，停止进料并隔离分解槽。启动循环泵，加大出料或放料，直到槽子拉空为止。

（4）发生以下情况时，在搅拌停车后应安排从槽顶下事故风管进行通风搅拌，减缓沉槽速度，方法如下：

1）分解槽搅拌必须立即停车或已停车，拉槽流程的槽出料阀不能正常打开或流程、设备不具备拉槽，即将发生沉槽事故。

2）搅拌已停车，生产组织不允许连续撤空全槽物料，即将发生沉槽事故。

5.8.1.6　巡检作业及巡检路线

A　巡检作业

巡检作业步骤如下：

（1）对检查中发现的问题，要立即处理，不能处理的应尽快通知主操作人员。

（2）对运行不正常及新投用的设备要增加巡检的次数，巡查要求认真仔细。

（3）注意观察分解槽机械搅拌运转情况，风压、各槽温度、尾槽液位、中间降温幅度等情况是否在规定范围之内。

（4）分解槽每4h测量一次分解槽出料温度，每2h检查一次分解槽运行情况。

（5）分解槽巡检作业内容：

1）检查机械搅拌的运行情况，检查搅拌电动机及减速机的温度是否在规定范围之内。如油温超过50℃，应立即通知主操作人员，联系相关人员前来检查。

2）检查润滑油压力、温度等仪表监控设备接线是否有松动等异常情况。

3）检查减速机及搅拌是否有异常振动及杂音。

4）检查减速机的油位是否在上下标线之间。

5）润滑油泵的压力是否在要求条件之内（$p \leqslant 0.08MPa$，主控室内控制盘上油压信号显示正常）。

6）润滑油的过滤压差不大于0.2MPa，现场表盘显示蓝色。如显示红色，切换使用另一个过滤器，把较脏的过滤器卸下，用汽油或清洁剂冲洗并干燥，再安装使用。

7）检查运转过程中润滑系统各油管、接头及减速机各密封面是否有漏油、渗油现象。

8）检查各槽液面及出料情况是否正常，确保温度梯度正常、尾槽温度符合要求。

9）检测精液量与种子量是否均衡，如不正常，通知种子过滤岗位进行调整。

10）检查各槽进出料量是否平衡，提料是否正常，溜槽有无冒槽、漏料等现象。

（6）宽通道板式、螺旋板式热交换器的巡检：

1）检查中间降温设备的运行情况是否正常。

2）检查板式热交换器的过料量及降温情况是否正常。

3）每2h对设备进行一次全面点检。

4）减速机运转时在第一次用油500~800h后更换油，其后每3年更换一次。

5）减速机长期停车时，大约每3个星期将减速机启动一次；停车时间超过6个月，要在里面添加保护剂。

　　6）油滤器每 3 个月或润滑油压力明显增高时及时倒换备用，并安排清理。

　　7）减速机润滑油不得加注不同型号的油，不得混合使用。

　　8）发现减速机有异常杂音和振动明显加大的现象，必要时应立即停车，查明原因，排除故障后再恢复开车。

　　9）循环泵等皮带传动的设备，在设备启动、运行、停车等过程中要进行皮带松紧、磨损情况的检查，发现问题要及时联系处理。

　　10）检查套管换热器有无泄漏、振动，蒸汽通入量是否合适，冷凝水是否合格。

　　B　巡检路线

巡检路线步骤如下：

分解槽下巡检路线：操作室→尾槽循环泵→大、小化清泵→套管换热器→操作室

分解槽上巡检路线：操作室→Ⅰ组首槽→Ⅰ组中间降温→Ⅰ组旋流器→Ⅰ组尾槽→Ⅱ组尾槽→Ⅱ组旋流器→Ⅱ组中间降温→Ⅱ组首槽→操作室

5.8.2　晶种分解常见的故障及处理方法

　　晶种分解常见的故障及处理方法见表 5-2。

表 5-2　晶种分解常见的故障及处理方法

序号	故障名称	故障原因	处理方法
1	提料不正常，堵塞	分解槽长时间液面低	减小提料量
		分解槽长时间溢流	提高风压，开大提料风阀
		料浆过浓	降低槽内固含
		提料管堵塞	隔离该槽排空处理
		鼓风阀损坏、堵塞	更换或清理阀门
		鼓风管破损、堵塞	更换风管
2	冒槽	进料量太大	减少进料量
		溜槽淤料	及时疏通
		溜槽结疤较多，杂物掉落堵塞	清理结疤，清除杂物
		末槽出料管堵塞	检查清理
		旋流分级沉没式泵跳停，末槽料浆体积上升过快	处理泵故障，恢复开车，加大出料量
3	沉淀	料浆固含高，搅拌负荷重	隔离，清理检修
		电器、机械故障	

5.9　晶种分解的主要质量技术标准

　　以国内某拜耳法氧化铝厂的生产为例，晶种分解的主要质量技术指标为：

　　（1）$Al(OH)_3$ 粒度（$-45\mu m$）：7%～8%。

　　（2）精液浮游物：≤0.015g/L。

（3）分解母液：$\alpha_K \geqslant 2.80$。

（4）氧化铝分解率：$\geqslant 49\%$。

（5）碱洗液浓度：$\geqslant 280 \mathrm{g/L}$。

（6）低压风压力：$\geqslant 0.15 \mathrm{MPa}$。

（7）高压风、仪表风压力：$\geqslant 0.6 \mathrm{MPa}$。

（8）循环上水温度：$\leqslant 28 ℃$（冬季），$\leqslant 35 ℃$（夏季）。

（9）首槽温度：$57 \sim 61 ℃$。

（10）末槽温度：$46 \sim 49 ℃$。

（11）分解槽固含：$600 \sim 700 \mathrm{g/L}$。

（12）分解时间：$\geqslant 42 \mathrm{h}$。

5.10　碳酸化分解的基础

在碱-石灰烧结法生产氧化铝中，铝酸钠溶液经脱硅净化处理后，通入 CO_2 气体进行碳酸化分解，可得到氢氧化铝晶体和含有大量碳酸钠的母液（碳分母液），氢氧化铝晶体过滤洗涤后送焙烧，碳分母液蒸发调整后返回配料循环利用。碳酸化分解的化学反应为：

$$2NaOH + CO_2 \longrightarrow Na_2CO_3 + H_2O$$

$$NaAl(OH)_4 \longrightarrow Al(OH)_3 + NaOH$$

$$\underset{\text{分解精液}}{2NaAl(OH)_4} + CO_2 \longrightarrow \underset{\text{晶体}}{2Al(OH)_3} + \underset{\text{碳分母液}}{Na_2CO_3} + H_2O$$

拓展阅读——科技创新助力电工钢飞跃发展

雅砻江，中国水能资源最丰富的流域之一，理论蕴藏量超过 3300 万千瓦。但是这里的电能通过一级一级变电站向东输送时，会产生 20%~50% 的能量损耗。如何降低电力输送的损耗，秘密就藏在变压器的核心材料里，这种材料称为取向硅钢，俗称电工钢。

在上海中国宝武的实验室里，一块珍贵的取向硅钢正在进行投产前的性能检测。这块表面坑坑洼洼的钢片样品，无论是铁损、磁感还是厚度，都完全满足了设计需求。这是世界上第一张 0.18mm 达到 0.55W/kg 铁损的一个样片。从实验室到生产车间，虽然只有短短的 1000m，但是对于这片钢来说，却需要一次飞跃，这飞跃背后的力量就是科技。

宝武股份硅钢第四智慧工厂——取向硅钢生产基地，拥有全球唯一一家薄带超低损耗取向硅钢产品高效专用产线。但早在 20 年前，中国建设三峡电站时，还不能大量生产高等级取向硅钢。因为这项技术，在全球的钢铁行业里是封锁最严密的一项技术。我国自主研发的取向硅钢，如果每提高一个牌号，应用在全国变压器上，一年可以节约大概一个三峡电站的发电量能耗，所以社会效益非常大。

百炼成钢，一片合格的取向硅钢至少需要经过一千多个工艺节点，任何一处稍有差池就会前功尽弃，高性能的硅钢产品是中国电力发展的保证。有数据显示，中国主要输变电工程装备，如果采用高规格取向硅钢，每年至少节约 900 亿度电。

让不可能成为可能，这是中国钢铁人的创造。在激烈的竞争中，科技创新的角色越来越关键，担当的分量也越来越重。钢铁行业每次突破关键产品的制约，都能带动支撑一批下游用钢产业的发展和升级换代，为中国制造向产业中高端攀升提供牵引。

6 分解母液蒸发与苏打苛化

6.1 分解母液蒸发概述

在生产过程中，由于存在赤泥的洗涤、溶出矿浆的稀释、氢氧化铝的洗涤等工序，使多余的水进入生产流程。对于拜耳法，如果不蒸发掉多余的水，就会导致循环母液浓度降低，氧化铝溶出率下降；而对于烧结法，生料浆的水分过大，将影响生料的烧结过程，使熟料窑产能下降。

因此在氧化铝生产中，蒸发的目的是：

(1) 排除流程中的多余水分，保持循环系统的水量平衡。

(2) 使种分母液、碳分母液蒸浓到符合铝土矿溶出或配制生料浆的浓度要求。

(3) 排除生产过程积累的杂质。

生产中水分排除的途径有很多种，如作为赤泥的附液而排除、作为氢氧化铝的附液而排除、作为自蒸发气体而排除、通过熟料烧结而排除等，但蒸发是排除大量水分的最主要途径。

蒸发过程是热量传递和交换的过程。当温度高于溶液的沸点时，使水汽化与溶液分离，进而实现浓缩溶液的目的，最终得到浓溶液和冷凝水。

$$稀溶液 \xrightarrow{\text{加热蒸发}} 浓溶液 + H_2O(g)$$

$$H_2O(g) \xrightarrow{\text{降温冷凝}} H_2O(l)$$

蒸发的方法通常是利用蒸汽把母液间接加热至沸腾，使水激烈汽化，生成的水蒸气被连续抽至冷凝器中冷却成冷凝水排除，进而使溶液浓缩，同时使碳酸钠等杂质达到过饱和而析出。蒸发过程会消耗大量热能，占拜耳法蒸汽总耗量的 30%～50%。拜耳法母液蒸发中，广泛应用闪速蒸发技术和真空蒸发技术。

闪速蒸发技术的特点是：溶液在换热器中只进行加热，进入蒸发器后才蒸发，从而可大大减少或防止结疤在加热面的产生，这种设备单位产能较高，热利用率好，汽耗低。

真空蒸发技术的特点是：对一定浓度的溶液来说，压力降低则沸点显著下降，为了增大加热蒸汽和溶液沸点之间的温度差，以提高蒸发能力或减少蒸汽消耗量，目前常采用抽真空（负压操作）的办法来进行蒸发作业，即为真空蒸发。

6.2 分解母液中杂质在蒸发过程中的行为

分解母液中常见的杂质包括碳酸钠、硫酸钠和二氧化硅等，它们的存在是导致加热器结垢，热能传递效率和蒸发效率降低，产品质量下降的主要因素。

6.2.1　碳酸钠在蒸发过程中的行为

溶液中碳酸钠的来源有以下 4 个途径：

(1) 原料铝土矿中的碳酸盐。

(2) 石灰中的碳酸盐。

(3) 铝酸钠溶液在流程中吸收空气中的二氧化碳而生成的碳酸钠。

(4) 对于联合法流程，从烧结系统来的溶液也会带入不少碳酸钠。

碳酸钠在溶液中有如下特性：

(1) 碳酸钠在溶液中的饱和溶解度随着苛性碱浓度的升高而降低。

(2) 碳酸钠在溶液中的饱和溶解度随着温度的降低而降低。

碳酸钠在蒸发过程中的行为：随着蒸发的进行，溶液苛性碱浓度不断增大，当升高到一定程度时就会有碳酸钠结晶析出，若温度越低则析出会更多。部分析出的碳酸钠结晶会在蒸发器加热面上形成结垢，进而降低热能传递效率和蒸发效率。

6.2.2　硫酸钠在蒸发过程中的行为

溶液中硫酸钠的来源有以下两个途径：

(1) 铝土矿中的含硫矿物（如黄铁矿）与苛性碱反应生成硫酸盐。

(2) 对于联合法流程，溶液中的硫酸钠主要由烧结法溶液带入。

硫酸钠在溶液中有如下特性：

(1) 硫酸钠在溶液中的饱和溶解度随苛性碱浓度的升高而降低。

(2) 硫酸钠在溶液中的饱和溶解度随着温度的降低而降低。

硫酸钠在蒸发过程中的行为：随着蒸发的进行，溶液苛性碱浓度不断增大，当升高到一定程度时，硫酸钠会与碳酸钠形成一种水溶性的复盐芒硝碱（$2Na_2SO_4 \cdot Na_2CO_3$）一起结晶析出。芒硝碱还可以与碳酸钠形成固溶体，在它的平衡溶液中硫酸钠的浓度更低，从而在蒸发器加热表面上形成结垢，进而降低热能传递效率和蒸发效率。

6.2.3　二氧化硅在蒸发过程中的行为

溶液中二氧化硅含量较低，以过饱和的形式存在，蒸发之前以铝硅酸钠结晶析出的速度很慢、数量很少。二氧化硅溶解度随着溶液浓度的降低和温度的升高而减小。在蒸发过程中，二氧化硅通常较难析出，如果在高温、低浓度的作业条件，则有利于二氧化硅以铝硅酸钠结晶析出。

6.3　蒸发作业流程

6.3.1　蒸发作业流程的类型

蒸发作业流程可分为单效蒸发流程和多效蒸发流程。单效蒸发流程是指溶液蒸发所产生的二次蒸汽直接冷凝不再利用于本系统中的蒸发作业。由于单效蒸发不能充分利用热能，汽耗损失大，氧化铝工业上不使用。多效蒸发流程是指将溶液蒸发所产生的二次蒸汽引入下一个蒸发设备，作为下一个蒸发设备的加热蒸汽的蒸发作业。在氧化铝工业中，为了减少蒸汽消耗，节约能源，均采用多效蒸发作业流程。

6.3.2 多效蒸发流程

多效蒸发利用二次蒸汽作为下一个蒸发设备的加热蒸汽，即只有第一个蒸发器用新蒸汽加热，其他所有蒸发器都用前面蒸发器的二次蒸汽加热，最后一个蒸发器出来的二次蒸汽才进行冷凝。多效蒸发二次蒸汽得到重复利用，节约热能。我国氧化铝厂常采用3~6效蒸发，作业效数增多，蒸汽消耗相应减少。由单效改为双效作业时，加热蒸汽可节省约50%；由四效改为五效作业时，加热蒸汽可节约10%，效数增多，可节约蒸汽越多，但蒸汽的节约程度会越来越小，而设备费用增加。因此，蒸发效数绝不能无限地增加，实际生产中最常用的是五效作业。每蒸发1t水所消耗的加热蒸汽量与蒸发效数关系见表6-1。

表 6-1　蒸发过程蒸汽消耗量与蒸发效数的关系

效数	单效	二效	三效	四效	五效
$t_汽/t_水$（不小于）	1.10	0.57	0.40	0.30	0.27

在多效蒸发流程中，由于前一效的二次蒸汽被利用作后一效的热源，所以后一效的溶液沸点必须低于前一效的溶液沸点，否则蒸发将无法进行，生产中采用抽真空的办法来达到此目的。

根据多效蒸发中溶液和加热蒸汽的流向不同，蒸发流程可分为顺流、逆流和错流三种作业流程。

6.3.2.1 顺流蒸发作业流程

顺流蒸发作业流程亦称并流流程，如图6-1所示。

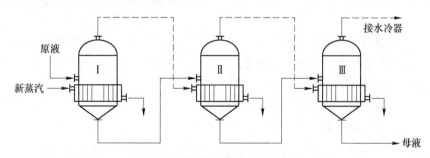

图 6-1　顺流蒸发作业流程示意图

在顺流蒸发作业流程中，蒸发原液和加热蒸汽的流向相同，依次由第Ⅰ效至末效。新蒸汽从蒸发流程的Ⅰ效加入，由Ⅰ效所产生的二次蒸汽作为Ⅱ效的加热蒸汽，Ⅱ效所产生的二次蒸汽作为Ⅲ效的加热蒸汽，Ⅲ效所产生的二次蒸汽排至水冷器。同时溶液也由第一效进入，并依次进入Ⅱ、Ⅲ效蒸发器。

顺流蒸发作业的优点如下：

（1）顺流蒸发作业由于后一效蒸发室内的压力较前一效的低，故可借助于压力差来完成各效溶液的输送，不需要用泵输送。

（2）由于前一效的溶液沸点较后一效的高，因此当前一效溶液进入后一效蒸发室时，即呈过热状态而立即自行蒸发，所以自蒸发量较大。

（3）Ⅰ效温度高，浓度低，有利于铝硅酸钠的结晶析出。

顺流蒸发作业的缺点是：最后一效出料温度低，黏度大，给出料和操作带来一定的困难。

6.3.2.2 逆流蒸发作业流程

逆流蒸发作业流程适用于溶液黏度随浓度增高而急剧增加的溶液，是目前氧化铝生产使用较多的蒸发流程，如图6-2所示。该流程中，溶液的流向和蒸汽的流向完全相反，即溶液从Ⅲ效加入，依次用泵送入前一效，由Ⅰ效排出；蒸汽由Ⅰ效加入，顺次流至末效，并由末效排出至水冷器。

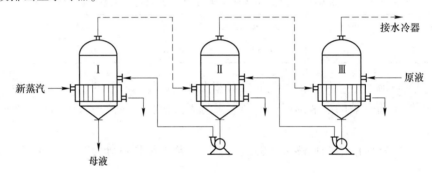

图 6-2 逆流蒸发作业流程示意图

逆流蒸发作业的优点如下：

（1）溶液浓度越大，蒸发温度也越高，因此各效黏度相差不大，保证了较高的传热系数。

（2）溶液的温度越来越高，浓度也越来越大，温度的升高会使二氧化硅的溶解度降低，但浓度的增大又导致二氧化硅的溶解度增大，温度和浓度的双重影响下，可以使前几效铝硅酸钠的析出受到抑制，有利于减轻硅渣结垢。

（3）由于Ⅰ效出料，温度较高，出料畅通。

逆流蒸发作业的缺点如下：

（1）溶液从末效加入、Ⅰ效排出，溶液需用泵输送，增加了电能的消耗。

（2）由于溶液的温度和浓度同时升高，溶液对加热管的腐蚀作用加强，从而使加热管的寿命受到影响。

6.3.2.3 错流蒸发作业流程

错流蒸发作业流程亦称为混流流程，是指加料时既有顺流又有逆流的作业流程，流程（Ⅲ→Ⅰ→Ⅱ）示意图如图6-3所示。在生产过程中，往往采用多种流程交替作业（Ⅲ→Ⅰ→Ⅱ、Ⅱ→Ⅲ→Ⅰ等），具体作业流程应根据工艺条件和技术经济比较确定。

错流蒸发作业流程的特点介于顺流和逆流之间，兼有顺流和逆流的优点，避免或减轻

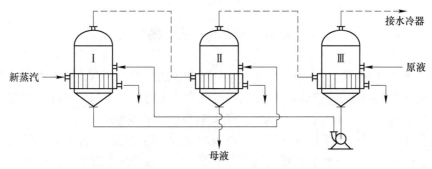

图 6-3 错流蒸发作业流程（Ⅲ→Ⅰ→Ⅱ）示意图

了它们的缺点。通过错流作业达到清洗蒸发器管内结疤，提高蒸发效率的目的。

以上介绍的是几种基本的加料方法和操作流程。在实际生产中，常需根据具体情况，采用基本流程的变型。例如，有些蒸发操作，采用双效三体（二效有两台蒸发器）或三效四体（一效有两台蒸发器）的流程等。

6.3.2.4 多效蒸发生产流程实例

国内某氧化铝厂分解母液蒸发系统采用六效降膜、管板结合、逆流作业加四级闪蒸技术，即前三效采用管式降膜蒸发器、后三效采用板式降膜蒸发器，外加四级闪蒸。考虑排盐苛化需要，增加了外加热式强制循环蒸发器。

该氧化铝厂分解母液蒸发系统工艺流程如图 6-4 所示。从分解系统来的蒸发原液，送到原液槽，再经原液泵从一端送入蒸发器。由蒸汽站来的高温蒸汽从另一端进入蒸发器，并对溶液进行加热蒸发。蒸汽站按要求产出合格的蒸发母液。蒸发母液一部分经强制效浓缩后送到排盐苛化，另一部分送到蒸发母液槽，与原液、液体碱、苛化液等在循环母液调配槽混合，调配合格后的循环母液，外送到原料和溶出生产区。

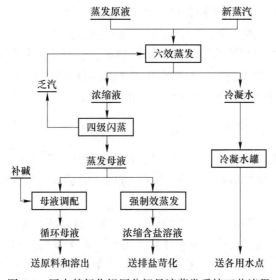

图 6-4 国内某氧化铝厂分解母液蒸发系统工艺流程

6.4 蒸发设备

　　蒸发设备按蒸发方式可分为自然蒸发蒸发器和沸腾蒸发蒸发器；按加热方式可分为直接热源加热蒸发器和间接热源加热蒸发器；按操作压力可分为常压蒸发器、加压蒸发器和减压（真空）蒸发器；按效数可分为单效蒸发器与多效蒸发器。

　　在氧化铝工业中，基于物料的特点，在国内先后采用过标准式蒸发器、外热式自然循环蒸发器、降膜蒸发器、外热式强制循环蒸发器。由于标准式蒸发器和外热式自然循环蒸发器汽耗高、产能低，在新建、改扩建氧化铝厂中已逐渐被传热系数高的降膜蒸发器取代。而外热式强制循环蒸发器多用在与降膜蒸发器匹配的碱液浓度较高的固相盐类析出效。

　　闪速蒸发技术在拜耳法母液的蒸发过程中也得到了应用，其特点是：溶液在换热器中只进行加热，进入蒸发器后才蒸发，从而可大大减少或防止结疤在加热面的产生。这种技术单位产能较高，热利用率高，汽耗低，多用于蒸发前后的母液浓度差小、浓度较低的拜耳法母液。

6.4.1 管式降膜蒸发器

　　膜式蒸发器是指蒸发生成的二次蒸汽携带溶液运动，溶液在沸腾器表面呈薄膜状的蒸发器，根据薄膜运动的方向分为升膜和降膜两种类型。

　　目前国内氧化铝厂多采用降膜蒸发器。降膜蒸发器根据结构不同又分为管式降膜蒸发器和板式降膜蒸发器。管式降膜蒸发器最早始于 1905 年，广泛应用于食品、化工、医药、冶金等诸多行业。

6.4.1.1 管式降膜蒸发器的结构

　　（1）带有分离器的整体降膜蒸发器，由碳钢制作。
　　（2）加热管，由专门针对铝酸钠溶液防腐蚀设计的无缝碳钢管，或 20G 锅炉钢制作。
　　（3）分布器，在降膜蒸发器顶部由不锈钢制成，装配于分布器系统中。
　　（4）除雾器，由不锈钢制成，安装在每一个蒸汽分离器中。
　　管式降膜蒸发器结构与工作原理示意图如图 6-5 所示。

6.4.1.2 管式降膜蒸发器的工作原理

　　溶液在管内壁呈膜状由上向下流动，管外壁与加热介质接触而受热，并把热传给溶液，溶液蒸发产生蒸汽和溶液在管内共同向下流动，而后进入分离器实现固液分离，故称为管式降膜。

　　根据降膜原理，每效都由一个蒸发器和一个分离器组成。在一束（组）长的垂直加热管里，一层薄膜状的浓缩液从顶部向下流到底部。在蒸发过程中产生的蒸汽和液体在管中同向流动并高速带动液膜流动，这种高速流动产生的湍流增加了传热系数。由于采用降膜蒸发和分离为一整体设计的理念，因此蒸发器通过法兰支撑在分离器上。从蒸发器管束流出的汽/液混合物进入分离器，特别设计的分离系统确保了两相间的高效分离。汽液两

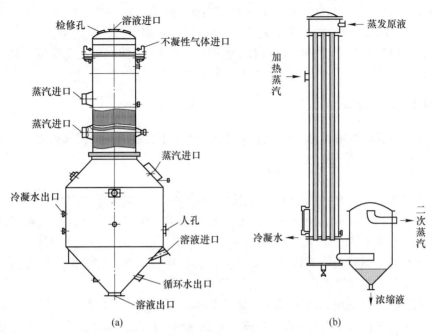

图 6-5 管式降膜蒸发器结构和工作原理示意图

(a) 管式降膜蒸发器结构；(b) 管式降膜蒸发器工作原理

相在通过阻止液滴被汽相夹带的内部除雾器后，蒸汽从分离器顶部流出，液体在分离器底部收集后排出。

6.4.1.3 管式降膜蒸发器的特点

(1) 具有较高的传热系数，节约蒸汽用量。

(2) 设备能以较小的温差操作，有很大的灵活性。

(3) 被蒸发溶液在管道内流速很高，使溶液与热交换器表面之间的接触时间很短，大大减少结垢生成。

(4) 运行操作简单，低负荷（50%）生产也可以。

(5) 冷凝水质量高，含碱不大于 50mg/L。

6.4.1.4 管式降膜蒸发器在氧化铝生产中的应用

法国 KESTNER 公司与 AP 公司合作，于 1966 年将管式降膜蒸发器用于法国加丹铝厂的蒸发工序，以后陆续应用于意大利、印度等氧化铝厂。

广西某分公司一期工程于 1995 年从法国 KESTNER 公司引进了一组五效管式降膜蒸发器，带三级闪蒸及排盐蒸发器，蒸发装置蒸水量为 150~170t/h，汽耗：排盐时 0.37t/t、不排盐时 0.33t/t，设备运转率大于 93%，与全厂运转率匹配。生产实践证明，该蒸发器组的产能、汽耗、排盐效果、运转率等技术指标均达到并超过设计值。

该公司二期工程于 2004 年 7 月投产，同样采用了 KESTNER 公司的管式降膜蒸发器，但蒸发流程改为了六效作业。经投产后技术考核，其生产指标完全达到设计值及合同保证值，如排盐时汽耗为 0.32t/t、不排盐为 0.273t/t，系统运转率达 95%～96%，蒸水量达 200～220t/组，循环母液的碳碱比不大于 7.0%。经一年多实践，汽耗指标可进一步降低。近几年来，中铝某分公司及中州某公司均使用了国产自行开发的管式降膜蒸发器，投产使用情况良好。

6.4.2　板式降膜蒸发器

板式降膜蒸发器始用于造纸行业黑液蒸发，近年来也逐渐应用在氧化铝工业生产中。

6.4.2.1　板式降膜蒸发器的结构

板式降膜蒸发器是由加热元件、分配器、除沫器、筒体等构件组成。

（1）加热元件，亦称为加热板片，由两张不锈钢薄板组成，经过一次鼓压成型，是板式降膜蒸发器最关键的部件。板片加工过程要求制作精度高，焊接质量好。

（2）分配器，其材料为不锈钢，安装在加热板片的顶部，它的作用是将循环泵打上的液体均匀地分布在加热板片上，形成液膜下降。

（3）除沫器，常采用离心除沫器，其材料亦为不锈钢，安装在筒体顶部，由多层不锈钢丝网叠加组成；其作用是分离二次蒸汽中的水珠和泡沫，提高二次蒸汽的品质，防止带碱。

板式降膜蒸发器结构与工作原理示意图如图 6-6 所示。

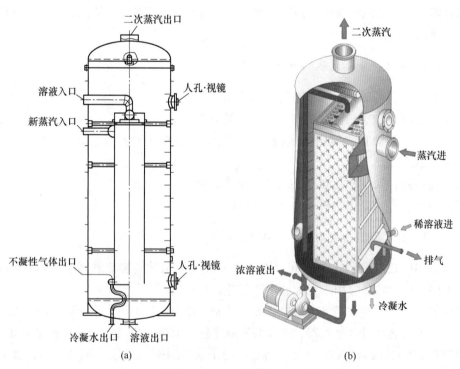

图 6-6　板式降膜蒸发器结构与工作原理示意图
（a）板式降膜蒸发器结构；（b）板式降膜蒸发器工作原理

6.4.2.2 板式降膜蒸发器的工作原理

板式降膜蒸发器工作原理与管式降膜蒸发器相同。被蒸发的液体进入筒体底部的液室，由循环泵抽出打入筒体上部的分配器，液体从分配器自由降落，均匀地分布在加热板片上，形成薄膜，薄膜贴附在板片上垂直降落到筒体底部液室。在加热片内腔通入加热蒸汽（饱和蒸汽），液膜在板片上降落的过程中，被不断地加热，不断地蒸发。加热片内腔的饱和蒸汽经热交换后被冷却成水（凝结水），流到收集器，从加热片的底部排出。液体在加热蒸发过程中产生的二次蒸汽不断地汇集上升，并通过筒体顶部的二次蒸汽出口排出，作为下一效蒸发器的热源。

6.4.2.3 板式降膜蒸发器在氧化铝生产中的应用

我国的造纸行业从 20 世纪 80 年代中期开始逐步从国外引进板式降膜蒸发器，近年来也逐渐应用在氧化铝工业生产中。

为了探索板式降膜蒸发器用于氧化铝生产的可能性，某公司与贵阳某院共同合作，于1997 年 8~12 月在该公司进行了 30m² 板式降膜蒸发器的半工业化试验。试验结果表明，板式降膜蒸发器完全能应用于铝酸钠溶液的蒸发，并且具有传热系数高、能在较小的有效温差下正常工作，以及加热板上部分结疤能自行脱落等特点，可创造很好的经济效益。在试验基础上首先建设了一组蒸水能力 144t/h 的板式降膜蒸发器，为了适应铝酸钠溶液蒸发，后来陆续对加热元件分配器、除沫器等关键部件进行了改进。目前，该公司共有 4 组板式降膜蒸发器在生产使用，其蒸发能力在 150~170t/h。同时山西某公司等也先后建设了板式降膜蒸发器用于分解母液的蒸发。云南某公司的分解母液蒸发系统采用六效降膜、管板结合、逆流作业加四级闪蒸技术，即前三效采用管式降膜蒸发器、后三效采用板式降膜蒸发器，外加四级闪蒸，考虑排盐苛化需要，增加了外加热式强制循环蒸发器。

我国某氧化铝厂的板式降膜蒸发器系统如图 6-7 所示。

图 6-7 我国某氧化铝厂的板式降膜蒸发器系统

6.4.3　外热式强制循环蒸发器

一般的自然循环蒸发器，加热管内溶液循环速度均较低，为了处理黏度较大或容易析出结晶与结垢的溶液，须加快循环速度。强制循环蒸发器中，溶液在蒸发器内的循环是依靠外界加入动力，迫使溶液沿着一定方向运动，实现了循环速度的加快，因此在氧化铝生产中大多数采用强制循环蒸发器作为析盐效。

6.4.3.1　外热式强制循环蒸发器的结构

外热式强制循环蒸发器的结构由加热室、蒸发室、循环管（泵）、原母液进出口、新蒸汽进口与二次蒸汽出口、冷凝水出口等部分组成。

外热式强制循环蒸发器的结构示意图如图 6-8 所示。

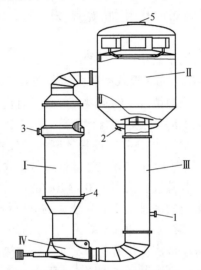

图 6-8　外热式强制循环蒸发器的结构示意图

Ⅰ—加热室；Ⅱ—蒸发室；Ⅲ—循环管；Ⅳ—循环泵；

1—原液进口；2—母液出口；3—蒸汽进口；4—冷凝水出口；5—二次蒸汽出口

6.4.3.2　外热式强制循环蒸发器的工作原理

外热式强制循环蒸发器中溶液的循环是依靠泵的推动力，迫使溶液以较高的速度沿一定的方向流过加热元件，强化传热过程。溶液在加热管内的循环速度，通常选择在 $1.2 \sim 3 \text{m/s}$。管内流速的取值，根据物料的性质和蒸发工况确定。这种设备可在传热温差较小（$5 \sim 7 ℃$）的条件下运行，在加热蒸汽压力不高的情况下，也可以实现四效或五效作业，并对物料的适应性较好；缺点是，动力消耗和循环泵维修工作量大。但随着科学技术的进步，设备的动力消耗已由原来的 $0.4 \sim 0.8 \text{kW/m}^2$ 降到 $0.1 \sim 0.2 \text{kW/m}^2$。由于设备结构和材质的改进，循环泵的维修工作量也大为减少。

6.4.3.3　外热式强制循环蒸发器的特点

外热式强制循环蒸发器适用于在蒸发过程中有结晶析出的物料。加热室安装在蒸发器之外，同时还有循环泵和晶体过滤器以及圆锥形底作为晶体沉降槽。由于循环速度大，生成的晶体保持悬浮状态不易沉积于加热面上，因此其传热系数高，但缺点是动力消耗大。

目前外热式强制循环蒸发器多用在与降膜蒸发器匹配的碱液浓度较高的析盐效，即溶液在杂质盐类析出之前在降膜蒸发器中蒸发，随后在进一步蒸浓的析盐阶段移入外热式强制循环蒸发器浓缩析盐。

6.5 蒸发结垢的预防及清理

结垢是蒸发器正常运行中的一种常见现象。蒸发器结垢后会影响到蒸发器的运行效率，严重时会造成蒸发器、换热器、换热管的堵塞，甚至导致设备无法正常运行。对蒸发器加热表面上已经形成的结垢，为了保持蒸发器具有良好的传热性能和较高的产能，对结垢必须及时进行清除。

6.5.1 结垢的生成及其主要成分

6.5.1.1 结垢的生成

在蒸发过程中，随着溶液浓度提高，二氧化硅、碳酸钠及硫酸钠等由不饱和变为饱和，形成晶核，从而以水合铝硅酸钠、碳酸钠及硫酸钠等形式由溶液中析出。如果析出反应在加热表面上发生，则形成结垢。

在拜耳法生产中，铝酸钠溶液中的碳酸钠是逐渐积累的。当分解母液中碳酸钠经过若干循环积累到某一含量时，将此母液蒸发到要求的浓度就会有碳酸钠结晶析出。在蒸发过程中析出的碳酸钠量与每个循环中进入的量相等，于是溶液中碳酸钠含量保持恒定，不再积累。因此，对拜耳法来说，从流程中析出的碳酸钠是必需的，这不但可减少它在溶液中的积累浓度，而且只有在它析出后才能加以苛化回收，用来溶出下一批矿石。在混联法生产中，可将拜耳法生产过程中的碳酸钠结晶分离后送至烧结法生产中进行配料，则不需苛化过程。碳酸钠在母液中的溶解度随温度升高而增大，随浓度的升高而降低。当温度低、浓度高时，析出碳酸钠就越多。因此，蒸发作业流程不易采用顺流作业、低温出料。二氧化硅在母液中是过饱和的，可析出铝硅酸钠。铝硅酸钠析出的速度随温度升高而增大，在溶液中的溶解度随浓度降低而降低。因此，高温低浓度会促进铝硅酸钠结晶的析出。析出的铝硅酸钠结晶在加热面上形成结垢，而且比较坚硬，不溶于水，但较易溶于酸中。

在烧结法生产过程中，种分分解后分解母液蒸发过程形成的结垢与拜耳法生产中母液蒸发形成的结垢基本相同。在烧结法生产中，蒸发碳分母液所形成的结垢主要是复盐，其中碳酸钠和氧化铝是主要成分。硫酸钠在碳分母液蒸发过程中，当达到一定质量浓度时（35g/L 左右）便会很快结晶析出，并严重影响到物料的输送及蒸发效率。当蒸发母液的温度降低到40℃时，硫酸钠、碳酸钠结晶析出速度极快，一旦处理得不及时，会直接影响到蒸发生产的顺利进行。在烧结法生产过程中，降低流程中硫酸钠质量浓度的主要措施是生料掺煤排硫。

6.5.1.2 结垢的主要成分

在母液蒸发过程中，易形成结垢的溶质主要是碳酸钠、硫酸钠和二氧化硅等。以某拜耳法氧化铝厂为例，蒸发器结垢的化学成分见表6-2。

表6-2　蒸发器结垢的化学成分与灼减　　　　　　　　　　（%）

化学成分	$w(SiO_2)$	$w(Al_2O_3)$	$w(Na_2O)$	$w(Fe_2O_3)$	$w(TiO_2)$	$w(CaO)$	$w(K_2O)$	$w(灼减)$
一效加热管	29.27	27.28	18.46	0.36	0.20	0.78	10.13	6.19
二效加热管	29.45	27.28	16.83	1.54	0.23	0.68	10.63	5.07

6.5.2　结垢对蒸发过程的影响

蒸发是热能传递过程，传热系数越大，蒸发效率就越高，蒸发产能就越大。而蒸发器的结垢是热的不良导体，结垢的生成会降低传热系数，同时使管道内径变小，甚至会将加热管堵塞。

结垢牢固附着于加热管内表面，一方面会使传热效率降低、蒸发效率降低、循环压力上升、机组真空度降低，影响机组的运行效率，造成较大的经济损失；另一方面由于结垢速度快，换热管频繁堵塞，使清洗周期变短，设备运转率降低，严重时会使一些检测仪表不能正常工作，影响蒸发结晶装置的正常运行。

6.5.3　结垢的清除及预防

为了使蒸发器保持良好的传热性能和较高的产能，对蒸发器结垢必须及时定期清理。清除的方法可根据结垢的化学组成和性质，采用不同的方法进行。蒸发器的结垢分为易溶性和难溶性两种。碳酸钠和硫酸钠的结垢属于易溶性的，均能溶于水。铝硅酸钠的结垢属于难溶性的，不溶于水，且质地坚硬。

6.5.3.1　易溶性结垢的清除

清除碳酸钠和硫酸钠等易溶性的结晶，一般采用的方法有倒流程除垢、水煮除垢两种。

A　倒流程除垢

倒流程除垢实质上是原液煮罐法。在生产过程中采用倒流程，如原作业流程为（Ⅲ→Ⅱ→Ⅰ），经过一段时间的生产后倒为（Ⅱ→Ⅲ→Ⅰ）流程，这样每隔一定时间就倒一次的方法称为倒流程。倒流程能起到洗罐的作用，是因为在多效蒸发作业中，各效的溶液浓度不一样，进料效浓度低不易结垢，出料效浓度高易结垢。当结垢达到一定程度时，进行倒流程，使出料效改成进料效，由于进来的溶液浓度低，不但不结垢，反而能将结垢溶解从而起到消除结垢的目的。采用倒流程清垢，既保持了正常生产，又达到了洗罐的目的，方法简单，效果良好。

B　水煮除垢

倒流程能起到清除结垢的作用，但不够彻底。因此，在生产一定时间后结垢严重时，需要用水彻底煮一次。具体操作为：先停车，将料卸空，关闭真空闸门，然后加水打循环，并通入少许蒸汽保持一定的温度。

水煮除垢法操作比较简单，除垢比较彻底。但需要开、停车操作和煮罐时间，因而降低了设备运转率和增加了蒸汽消耗。

6.5.3.2 难溶性结垢的清除

铝硅酸钠是难溶性结垢，它不溶于水，且质地坚硬，清除困难，通常可采用机械除垢酸洗除垢等方法处理。

A 机械除垢

在生产过程中，由于结垢严重，有的加热管被大量的结晶或者其他固体物质堵塞成为死眼。在水煮时又未能煮化，因此需要进行通死眼。机械方法不能彻底清除结垢，但对打通死眼效果较好。通常可用钻机把死眼打通，然后利用化学方法除垢。

通死眼的方法，是先将蒸发器进行水热，然后将水放掉，打开人孔进行冷却。再用比加热管稍小的胶皮管一端接上水源（一般是用具有一定温度的凝结水），另一端缚上缩口钢管，插入加热管内进行冲击和溶化结垢，直至通开。此法劳动强度较大，工作条件较差。

B 酸洗除垢

酸洗可采用硫酸、盐酸和氢氟酸等，通常采用硫酸洗罐的方法来清除结垢。

硫酸洗罐法的原理是硫酸与水合铝硅酸钠结垢起反应，生成可溶性的硫酸钠，从而破坏铝硅酸钠的结构，使结垢松软并脱落，从而达到除垢的目的。但是硫酸在溶解结垢的同时，对加热管也有腐蚀作用。为了避免硫酸腐蚀设备，一般用6%~8%的稀硫酸加入1%~2%的缓蚀剂配成的硫酸洗液对蒸发器进行6~8h的冷洗，则可将难溶性结垢清除。

C 碱洗除垢

碱洗除垢可利用碱-石灰乳煮罐或高浓度液碱进行浸煮。对于三效蒸发器的末效结垢，使用苛性碱煮罐的效果比较好。

D 高压水冲击除垢

利用高压水枪冲击可打通死眼或对加热管壁结垢较厚的设备进行清洗。用压力为30~50MPa的高压水清除结垢，尤其适合于加热管壁的个别清除。目前国内外的氧化铝厂采用高压水射流装置清理结垢，取得了良好效果。

6.5.3.3 蒸发器结垢的预防

目前，实际生产中一般采用控制适当的蒸发作业流程与作业条件的方法，来减轻或预防蒸发器结垢。蒸发过饱和溶液有结晶析出时，要及时将结晶体分离。

预防结垢的作业条件主要有：

（1）防止干罐事故。干罐时，加热管面温度急剧升高，溶液被蒸干，则溶质附着于管壁上形成坚硬的结垢。

（2）防止浓度过高。浓度过高时，有大量的结晶析出，结晶体会附着于管壁上变为结垢。

（3）加大溶液的循环速度。溶液循环速度快，不但能提高热传递速度，还能够减缓加热管壁的结垢。

（4）其他。

近年来国内外对采用磁场、电场、超声波以及使用添加剂等方法预防氧化铝生产中蒸发器结垢进行了很多研究。使用有机高分子阻垢剂可以大大延长蒸发器洗罐周期，提高蒸发器运行效率，目前在国内氧化铝行业已经得到大规模应用。

6.6 蒸 发 汽 耗

蒸发汽耗是指蒸发过程中加热蒸汽的消耗，是蒸发生产的重要技术经济指标之一。

6.6.1 降低蒸发汽耗的措施

蒸发工序的蒸汽消耗大约占氧化铝生产中总汽耗的 40%，因此降低蒸发汽耗对氧化铝生产节能降耗具有重大意义。

降低蒸发汽耗的措施有：

（1）从蒸发过程来看，需要降低蒸发每吨水的加热蒸汽消耗。

（2）从整个生产流程来看，需要减少生产每吨氧化铝所要蒸发的水量。减少每吨产品氧化铝的蒸发水量，关键在于减少每吨产品氧化铝所需的循环碱液量及提高分解母液（蒸发原液）的全碱浓度，以降低蒸发母液的浓缩倍数。

6.6.2 浓缩倍数和蒸水量

蒸发过程中物料的行为及变化如下：

$$加热蒸汽 \xrightarrow{蒸发} 冷凝水$$

$$蒸发原液（分解母液）\xrightarrow[\text{加热蒸汽}]{\text{蒸发}} 蒸发母液（循环母液）+ 蒸水量$$

$$G \qquad\qquad\qquad\qquad G-W \qquad\qquad W$$

$$B_1 \qquad\qquad\qquad\qquad B_2$$

式中 W——蒸水量，kg/h；

G——原液量，kg/h；

B_1——蒸发原液浓度（质量分数），%；

B_2——蒸发母液浓度（质量分数），%。

则浓缩倍数为：

$$浓缩倍数 = \frac{蒸发母液浓度}{蒸发原液浓度} = \frac{B_2}{B_1} \tag{6-1}$$

由于蒸发过程中溶质的量不变，所以物料平衡方程式为：

$$GB_1 = (G-W)B_2 \tag{6-2}$$

则蒸发器的蒸水量可以通过物料平衡计算求得：

$$W = G(B_2 - B_1)/B_2 = G[1 - (B_1/B_2)] = G(1 - 1/浓缩倍数) \tag{6-3}$$

由此可见，生产中适当降低循环母液浓度、增大分解母液浓度，可以降低蒸发浓缩倍数，进而降低蒸水量，减少加热蒸汽消耗量，最终减少蒸发汽耗。另外，还要减少非生产用水进入流程，在生产过程中，应尽量减少冲地用水、设备（泵浦）的冷却水及其他非生产用水进入生产流程。

6.6.3 提高蒸汽经济系数的措施

蒸汽经济系数就是每吨新蒸汽所能蒸发的水量。提高蒸汽经济系数的主要途径有：

（1）合理增加蒸发设备的效数与选择高效节能蒸发器。目前国内外一般均采用五效或六效降膜蒸发器，我国有些氧化铝厂已选用了五效板式降膜蒸发器。

（2）防止或减轻加热面上的结垢生成，提高传热系数，减少蒸发系统的热能损失。定期清除结垢是提高传热系数及蒸汽经济系数的有效途径。

（3）优化各操作条件及提高操作水平，采用自动化控制蒸发设备的操作，选用自动化操作仪表与高效节能设备，逐步实现生产过程的自动控制，可大幅度提高生产效率。

6.7 多效蒸发实践操作与常见故障处理

下面以我国某拜耳法氧化铝厂分解母液多效蒸发的生产为例，介绍多效蒸发操作与常见故障的处理。

6.7.1 多效蒸发实践操作

6.7.1.1 开车前准备

开车前准备如下：

（1）检查安全设施是否齐全完好。

（2）接调度开车通知后，检查流程是否正确、畅通，设备仪表及控制回路是否完好、关闭各放料阀，并通知有关岗位做好开车准备并回复。

（3）联系电工检查电气设备绝缘情况。

（4）检查仪表是否正常，给各种泵加入密封水，并保证冷却水压力。

（5）检查各种泵润滑油的油质及油位。

（6）排净所有热工管线及设备内存积的冷却水。

（7）将现场所有设备的控制开关转到"远程"位置。

（8）做好各效、各闪蒸器及各冷凝水罐液位的设定。适当调整各种阀门的开度。

（9）确认准备工作就绪后，岗位人员准备开车，并联系调度准备送新蒸汽。

6.7.1.2 开车步骤

（1）降膜蒸发器开车步骤如下：

1）启动原液泵向蒸发器进料，V效、Ⅵ效各50%流量。

2）往真空泵内注水，有溢流后，启动真空泵，打开水冷器循环水，提真空，通知循环水泵岗位启动水泵送水，缓慢打开循环上水阀门，保持真空度-0.088MPa。

3）V效、Ⅵ效分离器有液面后，启动循环泵、过料泵，并调整过料泵转速，使液位稳定在设定值后转为自动控制。

4）Ⅳ效、Ⅲ效、Ⅱ效作业方法同3）。Ⅰ效分离器有液面后，将液位控制阀门投入自动。溶液通过压差依次进入Ⅰ、Ⅱ、Ⅲ、Ⅳ闪蒸器，闪蒸器液位稳定后出料到原液槽循环。

5）进出料正常后联系调度中心，允许开车后缓慢打开新蒸汽阀门。要求缓缓打开新蒸汽主控制阀，缓慢提蒸汽量，幅度 15t/h 左右，或按压力冬季为 0.05MPa、0.15MPa、0.20MPa、0.30MPa、0.40MPa、0.50MPa，其他季节为 0.05MPa、0.15MPa、0.30MPa、0.40MPa、0.50MPa 进行，每 0.5h 提压一次。

6）待Ⅰ、Ⅱ、Ⅲ效加热室有压力后，关闭各效冷凝水排污阀门。冷凝水罐有水后进行现场确认，远程启动冷凝水泵，将Ⅰ效冷凝水送至板式热交换器与部分Ⅵ效冷凝水进行换热，经降温的Ⅰ效冷凝水送至赤泥洗水槽，经提温的部分Ⅵ效冷凝水返回Ⅲ效冷凝水罐；另一部分Ⅵ效冷凝水送至赤泥洗水槽，并将各冷凝水罐排水阀转为自动控制，调节各水罐水位，保持排水稳定。

7）各效不凝结气阀门保持适当开度。

8）调节新蒸汽电动调节阀及循环上水电动调节阀，稳定新蒸汽及循环上水流量，以稳定蒸发器使用气压及真空。

9）现场确认并调节各效液位，使液位稳定在设定值。

10）在原液循环时，逐步提高进料量，待Ⅳ闪蒸器出料密度合格或浓度合格后，将Ⅳ闪蒸器出料改往蒸发母液槽（或循环母液调配槽）。稳定蒸发器进出料量，保持出料浓度合格稳定。

11）保持蒸发器稳定运转，待冷凝水碱度合格后，将Ⅰ效冷凝水流程改至锅炉房，将Ⅵ效冷凝水流程改至好冷凝水槽。

12）联系调度中心将好冷凝水槽、赤泥洗水槽内水分别向锅炉房、平盘热水槽、沉降热水站输送。

（2）强制效开车步骤如下：

1）确认流程畅通，强制循环泵具备开车条件，启动Ⅲ闪蒸器出料泵向强制效进料。

2）强制效液位在第 2 目镜时，启动强制循环泵。

3）缓慢打开强制效加热蒸汽阀门，总通汽量按 5t/h、15t/h、30t/h 进行，或按压力 0.05MPa、0.10MPa、0.20MPa 进行，每 0.5h 提汽一次。强制效通汽过程注意监控冷凝水碱度。

4）调节强制效进汽电动调节阀及强制效二次汽电动调节阀，稳定加热室压力及分离室真空，保证强制效的蒸发量及出料的正常温度。

5）待强制效加热室开始排水时，关闭冷凝水排污阀门，将冷凝水罐排水阀转为自动控制，调节水位。不凝结气阀门保持适当开度。

6）远程启动盐沉降槽底流晶种泵向强制效加入晶种。

7）强制效出料密度符合要求后，出料至盐沉降槽。

6.7.1.3　正常作业

正常作业情况如下：

（1）联系调度保持新蒸汽压力 0.50~0.55MPa。

（2）保持蒸发器各效液面在正常控制范围内。

（3）稳定蒸汽流量，稳定真空，确保蒸发系统真空度为 -0.088MPa，使Ⅲ、Ⅳ闪蒸器出料浓度符合技术要求。

（4）稳定蒸发器进料量，联系原液供应和母液外送，平衡各储槽液量。

（5）注意各效液位、设备运行情况，以及各技术参数调整，做好记录。

（6）及时向化验室要分析结果进行适当调整，以保证各项指标控制在正常范围内。

（7）认真分析计算机报警原因并及时加以处理。

（8）控制回水含碱量 N_T 在要求范围内。

（9）认真观察分析各仪表显示是否准确，并及时联系计控人员处理。

6.7.1.4　正常停车步骤

（1）整组停车步骤为：

1）将蒸发器冷凝水改至赤泥洗水槽。

2）联系调度、锅炉、压汽，缓慢将蒸汽减少，然后彻底压汽。

3）缓慢减少原液进料量，直至断料。

4）以上两个步骤交替进行，每次调整需待上次调整平稳后方可进行。

5）各效蒸发器依次将料撤空后，向蒸发器进水，安排蒸发器水煮，水洗结束后，将水撤至洗后水槽。

（2）强制效停车步骤为：

1）缓慢减少蒸汽量（或压力）最终为0。

2）停进出料泵，根据情况决定是否放料。

3）关闭二次蒸汽阀门，打开排空阀。

4）根据情况决定是否水煮，如水煮，完毕后，将水撤至洗后水槽。

6.7.1.5　紧急停车及汇报处理

紧急停车及汇报处理如下：

（1）联系调度，压汽，停止进料。

（2）停各效过料泵、循环泵和出料泵，根据情况决定是否需要放料。

（3）停真空泵，并破坏系统真空。

（4）根据情况组织有关人员进行检修。

6.7.1.6　水洗步骤

水洗步骤如下：

（1）接到蒸发器水洗通知后，按正常停车顺序联系压汽停车撤料。

（2）待蒸发器内料撤完后，改好流程，准备进水。

（3）启动洗前水泵，向蒸发器加水。

（4）按蒸发器正常开车步骤开车，等各效水加到位后，启动出料泵自身循环，联系调度通汽水煮。注意使用气压按 0.08~0.12MPa 控制。

（5）通过减少水冷器循环水量等手段，将末效真空降到-0.03MPa。

（6）作业条件的控制：Ⅰ效使用气压控制在 0.08~0.12MPa，末效真空度按-0.03MPa 控制。末效温度高于80℃，各效液面正常控制。

(7) 正常水洗时间4~8h，末效温度不低于80℃。

(8) 水洗结束后，取样分析水样含碱度。根据碱度高低和生产实际情况，联系主控室确定洗后水去处。

(9) 联系检修或者进料开车。

6.7.1.7　酸洗步骤

酸洗步骤如下：

(1) 温度低于60℃，稀酸量占分离室40%~60%，酸洗时间4~6h或根据结疤情况而定。

(2) 将配好的稀硫酸通过稀酸泵送往蒸发器。

(3) 进完酸后，用水冲洗稀酸管。

(4) 启动循环泵或强制效循环泵。

(5) 酸洗完后，将酸倒入下一效或返回废酸槽。

(6) 放酸时，穿戴好劳动保护品，备好放酸所需的工、器具。检查放酸流程，将放酸管通向下水阀门打开。检查酸洗蒸发器漏处是否威胁放酸人的安全，采取防范措施；必要时穿好打压衣、戴好防护面具。按规定时间放酸，打开蒸发器放酸阀门。

(7) 放完酸后，用水冲洗蒸发器，待清理人员看完漏处，按放酸程序将水放掉，并将冲洗水放入循环下水。

(8) 将酸洗过程中出现的漏点补焊好。

(9) 漏点补焊好后，加水试漏。

6.7.1.8　巡检要求和路线

蒸发站巡检要求有：

(1) 严格执行设备点巡检及润滑标准。

(2) 各种仪表齐全完好。

(3) 设备启动投入运行，无杂音。

(4) 管道畅通，阀门、考克开关位置正确。

(5) 各种法兰、人孔、目镜等连接螺栓齐全紧固，密封无泄漏。

(6) 泵的轴承温升、密封水压力流量、润滑油质油量正常。皮带、联轴器及各部位的连接螺栓紧固。

(7) 蒸发器的压力、液位等参数正常，各阀门的开度合理。

(8) 真空泵、空压机等皮带传动的设备，在设备启动、运行、停车等过程中要检查皮带的松紧、磨损情况，出现问题要及时联系处理。

(9) 每1h巡检一次；岗位记录要求及时、准确、清晰、真实、完整。

蒸发站巡检路线：操作室→一楼→Ⅰ组各效泵浦及管道→Ⅱ组各效泵浦及管道→二楼→Ⅰ组蒸发器、闪蒸器→Ⅱ组蒸发器、闪蒸器→三楼→Ⅰ组蒸发器、闪蒸器→Ⅱ组蒸发器、闪蒸器→四楼→Ⅰ组蒸发器→Ⅱ组蒸发器→五楼→Ⅰ组蒸发器顶→Ⅱ组蒸发器顶→操作室。

6.7.2　蒸发器常见的故障及处理方法

蒸发器常见的故障及处理方法见表6-3。

表 6-3　蒸发器常见的故障及处理方法

序号	故障名称	故障原因	处理方法
1	突然停电	供电系统出现问题	立即将回水改入赤泥洗水槽，打开排气阀门向调度汇报，压汽、停车，联系电工处理
2	蒸发器振动	汽室积水	加大排水量
		加热管漏	打压堵漏
		进料温度与蒸发器内物料或蒸气温差太大	作业做到"六稳定"
3	过料管振动	过料控制阀失灵或开度小或过料管堵塞	联系检修人员检查，加大阀门开度或停车处理
4	真空度波动	系统漏真空	组织人员检查处理
		真空泵进水少或水温高	调整进水量或降水温
		水冷器水温高或水量不足	加大循环水流量或联系降低进水温度
		真空泵跳停，转子结疤，排气管不畅	联系电工检查处理，检修人员清理转子排气管
		使用气压升高或总压波动	联系稳定蒸汽压力
		凝结水排出不畅	检查冷凝水泵或阀门
		末效汽室水抽空水封破坏	控制冷凝水泵或阀门
5	分离器液位异常升高	管道内结疤，杂物，过料不畅	停车清理
		泵不打料	停车处理
		气压或真空波动	调整稳定气压或真空
		液位计有问题	联系计控室检查处理
6	冷凝水含碱量升高	加热管漏	根据情况打压处理
		分离器液位升高或波动，造成雾沫分离不好	稳定液位及蒸发器运行
		蒸发器振动，压力波动	采取一切措施，保护电气设备并按停车步骤停车，换好垫子再开车

6.8　苏打苛化

6.8.1　苏打苛化的目的

拜耳法生产氧化铝时，循环母液中的苛性碱每循环一次大约有 3% 被反苛化为碳酸碱，这些碳酸碱在蒸发过程中以一水碳酸钠形式结晶析出，从而造成苛性碱损耗。

反苛化反应就是苛性碱与铝土矿、石灰和空气中的碳酸盐或 CO_2 作用，生成碳酸碱的过程，反应如下：

$$2NaOH + CO_2 \Longrightarrow Na_2CO_3 + H_2O$$

为了减少苛性碱消耗，单独的拜耳法生产氧化铝厂需要将析出的碳酸钠进行苛化处理，以回收苛性碱。在拜耳法生产中，循环母液中的部分苛性碱首先被反苛化为碳酸碱，碳酸碱结晶析出并分离得到一水碳酸钠结晶，最后再经苛化处理变为苛性碱回收利用。

6.8.2　苏打苛化的方法和原理

苏打苛化采用石灰苛化法。母液经强制效进一步浓缩，碳酸钠溶解度随着溶液碱浓度的升高急剧下降。当碳酸钠超过其平衡浓度时，就会从溶液中结晶析出，并在盐沉降槽中浓缩，溢流进入强碱液槽，底流经立盘真空过滤机分离。过滤得到的苏打滤饼用热水溶解，再送入苛化槽与石灰乳混合，加热搅拌发生如下苛化反应：

$$Na_2CO_3 + Ca(OH)_2 \Longrightarrow 2NaOH + CaCO_3 \downarrow$$

苛化泥经沉降后，底流送沉降作业区，溢流送循环母液调配槽。

生产中，常用苛化率来衡量苛化处理的效果。所谓的苛化率是指 Na_2CO_3 变为 $NaOH$ 的转化率，计算式如下：

$$苛化率 = \frac{转变为苛性碱的碳酸钠的质量}{溶液中碳酸钠的总质量} \times 100\% \tag{6-4}$$

生产上要求苛化率越高越好，但想要获得高的苛化率，就需要合理控制原始溶液 Na_2CO_3 浓度和苛化温度等工艺条件。原始溶液中 Na_2CO_3 浓度与达到平衡后苛化率的关系见表 6-4。

表 6-4　原始溶液中 Na_2CO_3 浓度与苛化率的关系　　　　　　　　　（%）

原始溶液中 Na_2CO_3（质量分数）	4.8	9.0	10.3	13.2	15.0	18.8
苛化率	99.1	97.2	95.0	93.7	91.2	84.8

由表 6-4 中数据可见，原始溶液中碳酸钠含量越低，苛化效率越高，即在苛性化后溶液中苛性碱相对含量越多。另外，随苛化温度升高，苛化反应平衡常数因氢氧化钙溶解度降低而减小，因而苛化率降低。但实际上，苛化过程是在较高温度（100℃左右）的条件下进行，这样虽然苛化效率有所降低，但化学反应速度增加了；另外，溶液黏度降低，碳酸钙沉降速度增大，易于固液分离。

6.8.3 苏打苛化的工艺流程

由蒸发强制效来的浓缩含盐溶液进入盐沉降槽沉降分离。沉降底流经排盐立盘过滤机过滤；沉降溢流与排盐过滤机滤液一起送入强碱液槽，再分别送到循环母液调配槽和分解化学清洗槽。排盐过滤机滤饼用热水溶解，在苛化槽中与石灰乳混合并加热，发生苛化反应。苛化槽出来的料浆，送入苛化泥沉降槽浓缩，底流即苛化泥外送到赤泥沉降区，溢流即苛化液送循环母液调配槽，参与循环母液调配。苏打苛化工艺流程如图 6-9 所示。

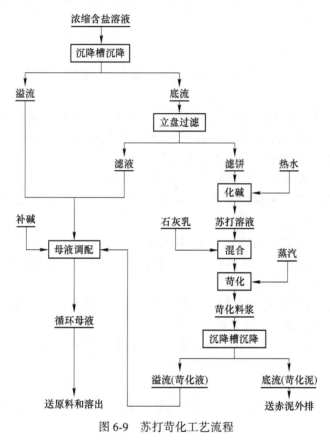

图 6-9　苏打苛化工艺流程

6.9　苏打苛化实践操作与常见故障处理

下面以我国某拜耳法氧化铝厂苏打苛化的生产为例，介绍苏打苛化操作与常见故障的处理。

6.9.1　苏打苛化实践操作

6.9.1.1　开车前准备

开车前准备如下：
（1）检查安全设施是否齐全完好。

（2）接主操作人员开车通知后，检查流程是否正确、畅通，设备仪表及控制回路完好，关闭各放料阀并通知相关岗位做好开车准备并回复。

（3）联系电工检查电气设备绝缘。

（4）检查仪表是否正常，给各种泵加入密封水，并保证冷却水压力。

（5）检查各种泵润滑油的油质及油位。

（6）蒸汽管通汽暖管。

（7）将现场所有设备的控制开关转到"远程"位置。

6.9.1.2　开车步骤

开车步骤如下：

（1）强制效出料进入盐沉降槽，当进料后（盖过耙机时）启动耙机。

（2）启动盐沉降槽底流泵，打循环。

（3）盐沉降槽有溢流后，待溢流槽达到一定液位，开泵往强碱液槽送料。待强碱液槽达到一定液位后，启动强碱液泵向循环母液调配槽或分解化学清理槽送料。

（4）启动盐沉降槽种子泵，往强制效加入晶种。

（5）启动石灰乳槽搅拌，联系调度中心安排送石灰乳。

（6）观察底流情况，根据底流密度，启动底流槽搅拌，将底流泵出料流程改为进底流槽。

（7）启动盐溶解槽搅拌及相关设备，向盐立盘过滤机送热水。

（8）启动真空泵和空气压缩机，启动盐过滤机给料泵，安排排盐过滤机开车。

（9）启动盐浆循环泵进行闪蒸，乏汽送蒸发站。

（10）启动化学清理槽搅拌及附属设备。启动苏打溶液泵往苛化槽送料，并启动石灰乳泵加石灰乳，通蒸汽加热进行苛化。

（11）苛化结束后，启动苛化泥沉降槽耙机及附属设备。启动苛化出料泵向苛化泥沉降槽出料。

（12）启动苛化泥沉降槽底流泵，打循环。

（13）苛化泥沉降槽有溢流后，待苛化溢流槽有一定液位，启动苛化液出料泵向循环母液调配槽送料。

（14）观察底流情况，根据底流密度，启动苛化泥槽搅拌，将苛化泥底流泵出料流程改为进苛化泥槽。

（15）联系调度中心安排向赤泥沉降区送苛化泥，得到确认后启动苛化泥出料泵送料。

6.9.1.3　正常作业

正常作业如下：

（1）每1h巡检一次，检查相关泵设备、仪表是否运行正常，槽存液位、物料流量是否在控制范围内。

（2）排盐岗位每2h做一次记录。

（3）重点观察沉降槽的运行情况，注意弹簧压缩及电动机电流，视情况及时安排底流放料或提升耙机。

(4) 需经常了解种子泵的运行情况，根据主控室的指令及时调整种子量。

(5) 观察沉降槽的进料情况，避免溢流跑浑。

(6) 认真检查各搅拌的运行情况，发现问题及时汇报主控室并积极处理。

(7) 稳定排盐过滤机的液位，检查滤布有无破损、发硬等情况。

6.9.1.4 停车步骤

停车步骤如下：

(1) 接到停车指令后，联系蒸发站停止向沉降槽进料，种子泵用水刷管后停泵放料。

(2) 根据过滤机情况，加大盐沉降槽底流泵的出料，直至过滤机无滤饼时，关闭盐沉降槽底流出料阀门，用水刷底流泵管道后，停泵放料。盐过滤机给料泵、盐浆循环泵刷管后停泵放料。

(3) 停真空泵、空压机。

(4) 过滤机放料，水洗后停车放料。

(5) 停送热水，盐溶解槽拉空后停苏打溶液泵。

(6) 联系调度中心停送石灰乳。停石灰乳泵，放料。

(7) 将苛化槽依次拉空，放料。

(8) 将苛化泥沉降槽底流适当拉大，直至拉空后停沉降槽耙机，底流泵过水后停泵放料。

(9) 苛化泥底流槽拉空后停搅拌，苛化泥出料泵过水后停泵放料。

(10) 将强碱槽拉空放料。

(11) 各泵停后均应放料。

6.9.1.5 巡检要求和路线

巡检要求有：

(1) 对检查中发现的问题要立即处理，不能处理的，应尽快通知主操作人员。

(2) 真空泵、空压机等皮带传动的设备，在设备启动、运行、停车等过程中要检查皮带的松紧、磨损情况，发现问题要及时联系处理。

巡检路线：操作室→盐溶解槽→真空泵、空压机→苛化槽→苛化泥沉降槽→强碱槽→盐沉降槽→排盐过滤机→操作室。

6.9.2 苏打苛化常见的故障及处理方法

6.9.2.1 沉降槽溢流浮游物高

沉降槽溢流浮游物高情况：

(1) 沉降槽溢流浮游物高的发生原因是：含水碳酸钠析出。

(2) 沉降槽溢流浮游物高的处理方法是：稳定强制效 N_K 浓度在 320g/L。

6.9.2.2 沉降槽突然停车

沉降槽突然停车故障的发生原因是：

（1）内外部供电系统出问题。

（2）沉降槽底部沉积固体料多，造成电动机超负荷跳闸。

（3）机械故障。

沉降槽突然停车故障的处理方法是：

（1）供电系统维修。

（2）停止进料，拉大底流，提升耙机，启动后慢慢放下。

（3）停车检查机械故障。

6.9.2.3　弹簧压缩过紧

弹簧压缩过紧故障的发生原因是：

（1）料浓、液固比小，沉降速度快。

（2）底流堵或开度太小。

（3）槽内掉进杂物或槽内结疤掉下。

（4）机械运转不正常弹簧失效。

弹簧压缩过紧故障的处理方法是：

（1）减少进料，开大底流或放料减压。

（2）用高压水冲底流。

（3）拉空槽子清理。

（4）弹簧检修。

6.9.2.4　过滤机效果差

过滤机效果差的发生原因是：

（1）Na_2CO_3 粒度细。

（2）受液槽滤液管堵，分配器漏气，滤布破损。

（3）底流液固比大。

过滤机效果差的处理方法是：

（1）沉降槽打循环，提高粒度。

（2）停车清理，检查换布。

（3）降低底流液固比。

6.9.2.5　搅拌跳停

搅拌跳停故障的发生原因是：

（1）机械电气故障。

（2）槽内杂物多、负荷大。

搅拌跳停故障的处理方法是：

（1）检修机械电气故障。

（2）打空料后停车清理。

6.10 蒸发与苛化的主要质量技术标准

不同氧化铝厂控制的指标不完全相同，本书以国内某拜耳法氧化铝厂的生产为例，介绍蒸发与苛化的主要质量技术标准。

6.10.1 多效蒸发的主要质量技术标准

（1）蒸发器组蒸水能力：220t/h。
（2）原液温度：80~85℃。
（3）原液成分：$N_K \geq 160g/L$，$N_C \leq 20g/L$，AO：90~100g/L。
（4）蒸发器正常作业工艺参数为：
1）蒸发器首效汽室压力：≤0.50MPa，末效真空度：-0.088MPa。
2）蒸发器各效工艺参数如下：
Ⅰ效管式降膜蒸发器：汽室压力为0.50MPa，温度为160℃。
Ⅱ效管式降膜蒸发器：汽室压力为0.20MPa，温度为125.5℃。
Ⅲ效管式降膜蒸发器：汽室压力为0.10MPa，温度为110℃。
Ⅳ效板式降膜蒸发器：汽室压力为-0.01MPa，温度为96.5℃。
Ⅴ效板式降膜蒸发器：汽室压力为-0.04MPa，温度为83.5℃。
Ⅵ效板式降膜蒸发器：汽室压力为-0.066MPa，温度为65.5℃。
强制效排盐蒸发器：汽室压力为0.18MPa，温度为125.5℃。
（5）蒸发器出料浓度为：
1）Ⅳ闪蒸器出料：N_K为230~260g/L，温度为87~93℃。
2）强制效出料：N_K为320~340g/L，温度为96~110℃。
（6）二次蒸汽冷凝水含碱量：≤20mg/L，循环上水、下水含碱量差：≤0.5mg/L。
（7）循环上水温度：≤37℃（夏天≤39℃），水压：≥0.25MPa。
（8）蒸发器水洗、清理工艺参数为：
1）洗罐使用气压：0.08~0.12MPa。
2）末效真空度：≤-0.03MPa。
3）洗罐周期：Ⅰ~Ⅵ效1周。
4）洗罐时间：4~6h，视效率情况而定。
5）酸洗周期：Ⅰ效为40~50d，Ⅱ效为40~50d，后效为70~80d，强制效1个月。
6）酸洗时间：4~8h。
7）稀硫酸浓度：4%~10%的稀硫酸，相对密度：1.02~1.05g/cm³，按浓酸质量的3%~5%加入缓蚀剂。

6.10.2 苏打苛化的主要质量技术标准

苏打苛化的主要质量技术标准如下：
（1）循环母液温度：80~90℃。
（2）循环母液：$\alpha_K \geq 2.8$，$N_K \geq 210g/L$。

（3）排盐过滤机滤饼含水率：≤35%。

（4）苛化原液中 Na_2O_C 浓度：80~120g/L。

（5）苛化温度：95~100℃。

（6）循环母液碳碱比：N_C/N_T≤7%。

（7）盐沉降槽溢流浮游物：≤0.5g/L。

（8）苛化时间：≥2h。

（9）苛化效率：≥85%。

（10）石灰添加量：$w[CaO]/w[Na_2O_C]$≤1.5。

拓展阅读——"中铝造"助力中国航天事业发展

2022年2月27日7时44分,在中国酒泉卫星发射中心,长征四号丙运载火箭点火升空,成功发射陆地探测一号01组B星;11时6分,在中国文昌航天发射场,长征八号遥二运载火箭点火起飞,成功发射22颗卫星,刷新了我国"一箭多星"发射纪录和长征火箭最短发射间隔纪录。此次飞天火箭所用铝合金关键材料多为中铝集团供应,"中铝造"再一次为我国航天事业攀上更高峰立下新功。

西南铝业(集团)责任有限公司(以下简称"西南铝")研制生产的3m级铝合金整体锻环、部分锻件和多个规格、品种的高合金化板材、棒材、管材被用于长征四号丙运载火箭、长征八号遥二火箭关键部位。其中,长征八号遥二火箭上某规格冷压板属西南铝独有品种;卫星上的部分太阳能帆板、结构件等铝材也由西南铝提供;火箭和卫星上铝材用量的60%以上由西南铝提供。针对火箭和卫星上的这些高合金化铝材品种规格多、构件尺寸大、形状复杂、工艺难度大的特点,西南铝解决了一系列工艺难题,取得熔铸、热加工、热处理等一系列科研成果,攻克了材料研发生产中的多项关键技术难关。

东北轻合金责任有限公司(以下简称"东轻")为长征四号丙运载火箭、长征八号遥二运载火箭提供了铝合金板材、型材、棒材以及锻环等多个品种的铝合金关键材料。为增强火箭承重能力,保证22名"乘客"顺利下车,东轻技术人员充分发挥"励精图治、创新求强"的企业精神,结合使用需求,对照产品性能,以影响结果的突出因素为发力点开启专项攻关。技术人员一次次累积实验数据,一次次调整工艺参数,终于固化了生产工艺。为保障每一块铝合金材料的保供优供,东轻在生产、技术、设备等多个系统协同作战,推行安全生产标准化、制度落实零差异化等精细化管理新举措,层层压实质量责任,坚决保障火箭用铝材质量绝对稳定可靠。

中铝西北铝加工厂分公司(以下简称"西北铝")为长征二号F遥十三火箭提供了阀门壳体用棒材、桁条用工业型材等材料。该型材壁厚差大、形状复杂,普通的处理方式难以保证高精度形位公差,西北铝采用专料专法,保证了高精度;在棒材生产时对挤压工艺进行了优化,精准配比微量元素,保证晶粒细化均匀。在神舟十三号载人飞船上,有西北铝提供的热强性好、高强度的舱体转台用棒材,具有中等强度、良好的加工性能、耐腐蚀性能、焊接性能的工业型材和返回舱座椅缓冲器材料等高精尖铝合金材料。西北铝始终坚持以服务国家重大战略为己任,积极开展关键性、战略性基础材料研究,按照"做优、做精、做强、做专"的目标,将挤压材及小规格锻件作为企业发展的核心,不断突破"卡脖子"技术,研发"撒手锏"产品,为我国航天事业所需高精尖铝合金材料提供了保障。

进入"十四五"的开局之年,中铝集团充分发挥科技创新优势,加大对现有生产设备进行技术改造,从装备精度提升到产品使用性能提高,为中国航天事业的发展保驾护航,为服务国家战略研发生产更多"关键之铝"。

7 氢氧化铝焙烧

7.1 氢氧化铝焙烧概述

氢氧化铝焙烧是氧化铝生产的最后一道工序，主要负责将平盘过滤洗涤系统来的湿氢氧化铝在高温下进行脱水和晶型转变，进而得到成品氧化铝。

焙烧与煅烧是两种常用的化工生产单元工艺。焙烧通常是将物料在空气、CO、H_2、Cl_2、甲烷等气流气氛中不加或配加一定的添加剂，加热至低于炉料熔点温度，发生氧化或还原等化学变化的过程。煅烧通常是将物料在低于熔点的适当温度下加热，使其发生分解，除去固体物料中所含结晶水、CO_2 或 SO_3 等挥发性物质的化学过程。焙烧和煅烧的共同点是：都将固体物料加热至低于其熔点的温度条件下进行操作；不同点是：焙烧多为原料与不同气氛和添加剂发生化学反应，而煅烧多是物料发生分解反应，失去结晶水或其他挥发性组分。现代氧化铝工业中，多采用焙烧工艺进行氢氧化铝的脱水和晶型转变。

氢氧化铝焙烧是在高温下脱去湿氢氧化铝含有的附着水和结晶水，发生晶型转变，得到符合铝电解工业要求的氧化铝产品。产品氧化铝的物理性质除了由分解过程的条件决定之外，氧化铝的许多物理、化学性质，特别是比表面积、$\alpha\text{-}Al_2O_3$ 含量、安息角、粒度和强度等与焙烧过程也有很大关系。氧化铝焙烧是一个强烈的吸热过程，为避免杂质污染产品，须使用灰分很低的清洁燃料，工业生产中多使用重油、煤气、天然气等燃料。

生产中，由平盘过滤机来的合格氢氧化铝滤饼，经过皮带输送机送入悬浮焙烧炉内，或半成品氢氧化铝直接经过皮带输送机送入悬浮焙烧炉内，在以煤气或天然气为燃料高温焙烧的条件下变成合格的氧化铝，再经过气体提升泵和风动溜槽输送到氧化铝仓，然后经过吨包装、小包装、火车罐装、汽车罐装等不同的运输形式出厂。氢氧化铝焙烧工艺流程示意图如图 7-1 所示。

7.2 氢氧化铝焙烧的原理及相变过程

工业生产中，经过平盘过滤洗涤的湿氢氧化铝常带有 8%~10% 的附着水。在焙烧过程中随着温度的升高，湿氢氧化铝会发生脱去附着水、脱去结晶水和晶型转变等一系列的复杂变化，最终由三水铝石变为含有 $\gamma\text{-}Al_2O_3$ 和 $\alpha\text{-}Al_2O_3$ 的合格氧化铝产品。

氢氧化铝的脱水及晶型转变较为复杂，一般可以分为以下三阶段：

第一阶段：附着水的脱除。湿氢氧化铝中所含的附着水在 100~110℃ 会被蒸发完毕。

$$H_2O(l) \xrightarrow{100 \sim 110℃} H_2O(g) \uparrow$$

第二阶段：结晶水的脱除。湿氢氧化铝中的附着水除去后，在温度提升到 250~450℃ 时，会失去两个结晶水，变为一水软铝石。

$$Al_2O_3 \cdot 3H_2O \xrightarrow{250 \sim 450℃} \gamma\text{-}Al_2O_3 \cdot H_2O + 2H_2O(g)\uparrow$$

当温度升高至 500~560℃时，一水软铝石会失去其结晶水，变成 γ 晶型氧化铝。

$$\gamma\text{-}Al_2O_3 \cdot H_2O \xrightarrow{500 \sim 560℃} \gamma\text{-}Al_2O_3 + H_2O(g)\uparrow$$

第三阶段：晶型转变。γ-Al$_2$O$_3$ 稳定性小，吸湿性强，不能满足电解铝生产要求，需要对其进行晶型转变。γ-Al$_2$O$_3$ 在 900℃以上开始发生晶型转变，逐渐由 γ-Al$_2$O$_3$ 转变为 α-Al$_2$O$_3$。若在 1200℃下焙烧 4h，可使 γ-Al$_2$O$_3$ 全部转变成 α-Al$_2$O$_3$。

$$\gamma\text{-}Al_2O_3 \xrightarrow{> 900℃} \alpha\text{-}Al_2O_3$$

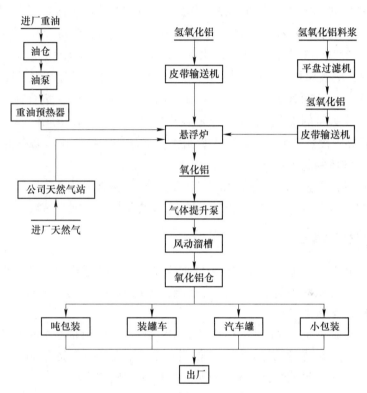

图 7-1　氢氧化铝焙烧工艺流程

7.3　影响产品氧化铝质量的主要因素

7.3.1　氢氧化铝的影响

氢氧化铝纯度、粒度和强度对产品氧化铝质量的影响较大。

进入焙烧炉窑的湿氢氧化铝会含有 8%~10% 的附着水，以及一定含量的 SiO$_2$、Fe$_2$O$_3$、Na$_2$O、V$_2$O$_5$ 等杂质。当氢氧化铝中的 Na$_2$O 含量低于 0.5% 时，随着碱含量的升高，产品粒度变粗，产品强度增大，并可抑制 α-Al$_2$O$_3$ 的生成；但碱含量过高，会使焙烧物的黏度增加，出料时易堵塞下料口，使产品纯度降低。当氢氧化铝含有杂质 V$_2$O$_5$ 时，在焙烧时将使氧化铝发生粉化，并使其成为针状结晶，氧化铝的流动性变差。

焙烧用氢氧化铝的纯度越高、粒度越粗、强度越大、磨损系数越小，则焙烧产品氧化铝的纯度越高、粒度越粗、强度越大，产出砂状氧化铝的可能性越大。

7.3.2　焙烧温度的影响

焙烧温度越高，氧化铝中的灼减（结晶水）含量越少，$\alpha\text{-Al}_2\text{O}_3$ 越多。在正常的焙烧温度下，氧化铝产品的粒度不受温度影响，其主要由氢氧化铝的粒度决定。

焙烧过程中氢氧化铝随着脱水和相变的进行，其物理性质发生一系列变化，物料在焙烧中发生了由粉化到强化再粉化的过程。当温度达到 400℃ 时，细粒子数量达到最大值，表面积达到最大，随着脱水过程结束，结晶体结构趋于完善，强度提高，细粒子减少，氧化铝粒度变粗。在 1000℃ 左右焙烧的氧化铝，其安息角小，流动性好，粒度较粗；由于 $\alpha\text{-Al}_2\text{O}_3$ 含量低，比表面积大，在冰晶石熔体中的溶解度较大，对氟化氢气体的吸附能力较强。当焙烧温度达到 1200℃ 以上时，由于 $\alpha\text{-Al}_2\text{O}_3$ 的再结晶，集合体强度大大降低，大部分崩解，产生大量的细粒子。粒子形状发生剧烈变化，氧化铝颗粒表面变得粗糙，$\alpha\text{-}$$\text{Al}_2\text{O}_3$ 粒子之间黏附性强，粒度小，故安息角大，流动性不好，在冰晶石熔体中的溶解速度和吸附氟化氢气体的能力也低。

焙烧过程中的加热速度和焙烧产品的冷却速度也会影响产品的粉化。加热和冷却速度越慢，以及焙烧和冷却过程中物料颗粒受到的机械磨碎越少，则产品氧化铝的粒度越粗。

7.3.3　焙烧矿化剂的影响

在焙烧氢氧化铝时，加入少量矿化剂能加速氧化铝的晶型转变过程，可以降低焙烧温度，缩短焙烧时间，从而提高炉（窑）的产能，降低能耗，减少灰尘量，对产品氧化铝的物理性质也有较大影响。

工业上添加的矿化剂有 AlF_3 和 CaF_2 等，AlF_3 的主要作用是能加速氧化铝晶型转变，降低晶型转变温度。焙烧时添加矿化剂能得到 $\alpha\text{-Al}_2\text{O}_3$ 含量高、黏附性好、易成团、结晶表面不平、晶粒较粗、流动性差、在电解质中溶解速度慢的产品氧化铝，所以矿化剂并没有被广泛采用，特别是生产砂状氧化铝的工厂，焙烧时一般不添加矿化剂。

总之，焙烧工序的焙烧温度主要决定了产品氧化铝的 $\alpha\text{-Al}_2\text{O}_3$ 含量（晶型配比），分解工序得到的氢氧化铝决定了产品氧化铝的纯度、粒度和强度。而氢氧化铝纯度主要取决于叶滤工序，氢氧化铝粒度和强度取决于晶种分解工序。

7.4　砂状氧化铝的生产概况

采用不同的生产工艺和作业制度，产品氧化铝的物理性质可以有很大的差别。根据 $\gamma\text{-Al}_2\text{O}_3$ 和 $\alpha\text{-Al}_2\text{O}_3$ 混合比例和物理性质不同，氧化铝常分为：砂状氧化铝、中间状氧化铝、面粉状氧化铝，不同类型氧化铝的物理性质见表 1-4。砂状氧化铝呈球状，颗粒粗，强度高，安息角小，$\gamma\text{-Al}_2\text{O}_3$ 含量较高，$\alpha\text{-Al}_2\text{O}_3$ 含量较少，具有较大的化学活性和流动性，适于风动输送、自动下料的电解槽使用，在干法气体净化中可作为氟化氢气体的吸附

剂，能满足电解炼铝对氧化铝物理性质的要求，达到了冶金级。砂状氧化铝从纯度、粒度、强度、晶粒形状和晶型配比等方面都能很好地满足铝电解生产对原料氧化铝的要求，可获得更高的电流效率和更低的电解电耗。所以，目前砂状氧化铝已成为氧化铝生产的主要产品。

7.4.1 砂状氧化铝生产的工艺探讨

作为产品的氧化铝，其品质通常包括：纯度、粒度、强度以及 $\alpha\text{-}Al_2O_3$ 的含量等。氧化铝的纯度主要由叶滤工序决定，氧化铝的粒度和强度主要受晶种分解工序影响，氧化铝中 $\alpha\text{-}Al_2O_3$ 的含量主要受焙烧工序影响。因此，要生产出合格的砂状氧化铝，需要从晶种分解和焙烧工序两个过程来考虑，在保证产品质量的同时，也要兼顾生产效率。

对于砂状氧化铝生产工艺条件的控制，首先可采用合适的晶种分解温度制度。例如，控制相对较高的分解初温（70~85℃）和相对较高分解终温（50~60℃），缓慢降温，使溶液过饱和度不高，附聚效果好，生产出颗粒较粗、强度较大的氢氧化铝。然后，再采用合适的氢氧化铝焙烧温度制度。例如，控制相对较低的焙烧温度（1000~1100℃），抑制氧化铝的晶型转变，减少 $\alpha\text{-}Al_2O_3$ 的量，得到晶型配比合适的氧化铝。

上述对生产砂状氧化铝工艺条件做了初步而浅显的探讨。砂状氧化铝的生产条件和要求十分复杂，生产中既要保证获得较高的分解率、分解槽产能，又要保证产品的物理化学质量达标，即生产效率和产品质量均要得到满意的指标。所以，现如今，高效而合理地生产砂状氧化铝，仍然是一个亟须解决的研究课题。

7.4.2 我国砂状氧化铝生产的技术进步

中国铝土矿资源的特点决定了氧化铝生产工艺的特点，氧化铝生产工艺的特点在很大程度上决定了冶金级氧化铝产品的质量。由于氧化铝生产工艺的多样性，再加之过去采用回转窑焙烧氧化铝，使得进一步优化冶金级氧化铝产品的物理性能及化学纯度较为困难。自 20 世纪 50 年代至 20 世纪末，虽然产品质量有明显提高，但基本上是以中间状为主。

我国自加入 WTO 以来，国际氧化铝市场竞争日益激烈，尽快实现冶金级氧化铝产品砂状化已成为迅速提高我国氧化铝工业国际竞争力的必要条件。为此，国家科技部曾将"砂状氧化铝生产技术研究"列为"十五"国家重点科技攻关专题。

21 世纪以来，中国铝业股份有限公司在以一水硬铝石型铝土矿为原料的砂状氧化铝生产技术的研究开发方面，形成了一套较完整的工艺技术，并成功地应用于工业实践，取得了显著成效。工业应用结果表明，产品氧化铝的物理性能指标已基本上满足现代铝电解工业的要求。

与此同时，碳酸化分解砂状氧化铝生产技术开发已经取得成功，并已实现了产业化应用。通过系统的基础研究及工业规模的试验研究，成功开发出了连续碳酸化分解生产砂状氧化铝的新工艺技术，该成果可在烧结法碳分生产系统推广应用，成功实施后可使我国约30%的氧化铝产品实现砂状化，大幅度地提高了我国氧化铝产品的市场竞争能力，具有显著的社会效益和经济效益。

总之，我国氧化铝工业界及科技界系统开展了提高冶金级氧化铝产品质量的研究，特别是优化氧化铝产品物理性能指标的研究，使得我国冶金级氧化铝产品的物理性能指标与过去相比有明显的改善，基本上可以满足现代铝电解工业的需要。

7.5　氢氧化铝焙烧的工艺

7.5.1　焙烧工艺技术发展过程

氢氧化铝焙烧工艺经历了传统回转窑工艺、改进回转窑工艺和流态化焙烧工艺三个发展阶段。目前，新建氧化铝厂广泛采用流态化焙烧工艺，回转窑工艺已逐渐被淘汰。

7.5.1.1　传统回转窑工艺发展过程

19 世纪早期，世界上的氢氧化铝基本上都采用传统回转窑工艺生产，这种设备结构简单，维护方便，设备标准化成熟。焙烧窑的斜度为 2%~3%，转速为 1.6r/min 左右，窑内物料填充率一般为 6%~9%，物料在窑内停留时间为 70~100min；焙烧过程热耗大，窑的热效率小于 45%，一般为 4.5~6.0GJ/t，燃料占本工序加工费用的 2/3 以上，但焙烧产品的破碎率低。

7.5.1.2　改进回转窑工艺发展过程

鉴于传统回转窑的缺点，世界各国围绕回转窑降低热耗开展了一系列的改造并取得了如下效果：

（1）带旋风预热氢氧化铝的短回转窑。20 世纪 60 年代末期，德国生产水泥设备的波力求斯公司用水泥工业生料悬浮预热的改进型多波尔窑，为匈牙利氧化铝厂改造焙烧氢氧化铝工艺，1968 年在阿尔马斯费度托氧化铝厂投产，产能 503t/d、热耗 4.16GJ/t。

（2）改变燃烧装置的位置。20 世纪 70 年代末期，法国生产水泥设备的斐沃-凯勒·布柯克公司使用其水泥窑外生料悬浮预热技术，改造了彼斯涅所属加丹氧化铝厂的 ϕ3.5m×84m 回转窑，取得成功。经改造的回转窑提高了生产效率，平均节能 22%。

（3）采用气态悬浮焙烧技术改造回转窑。1987 年，史密斯公司用它的气态悬浮焙烧技术为意大利欧洲氧化铝厂改造了 1 台 ϕ3.9m×107m 产能 900t/d 的回转窑，改造后产能增加到 1000t/d，热耗由 4.60GJ/t 降低到 3.66GJ/t。

（4）采用旋风热交换器与流态化冷却机的回转窑。苏联曾经设计了多级旋风冷却机，同时用流化床最终冷却氧化铝，燃料单耗降低 15%~18%。

7.5.1.3　流态化焙烧工艺发展过程

1946 年，美国铝业公司率先进行流化床焙烧氢氧化铝技术的开发，加拿大铝业公司先后与丹麦史密斯公司、美国道尔-奥立弗公司合作，分别开发用流化床替代多筒冷却机冷却出料氧化铝以及采用气态悬浮焙烧氢氧化铝的技术。1950 年，我国有色金属工业成功地应用沸腾层（流化床）技术改造了多膛焙烧炉焙烧硫化矿。从 1956 年起，山东铝厂和沈阳铝镁设计院开展了将这一技术用于焙烧氢氧化铝的吸热过程的试验。1963 年世界上第一台日产 300t 的流态闪速焙烧炉在美国铝业公司的博克赛特氧化铝厂投产。经过近 40 年的发展，目前中国、美国、德国、法国、丹麦等国的数家公司开发了几种不同类型的流态化焙烧炉,在热耗和单机产能方面取得了巨大进展,增加到1000t/d,热耗已降至3.0~3.3GJ/t,单机产能最高达到1800~2000t/d,同时自动化水平也大大提高。

目前,流态化焙烧技术用于氧化铝生产的氢氧化铝焙烧设备有美国铝业公司的流态闪速焙烧炉,德国鲁奇联合铝业公司的循环流态焙烧炉,丹麦的史密斯公司和法国弗夫卡乐巴布柯克公司的气体悬浮焙烧炉。我国自1984年8月从德国K.H.D公司引进第一台日产1300t的镁铝闪速焙烧装置以来,相继又引进了丹麦的史密斯公司五套气体悬浮焙烧装置、两套德国循环焙烧炉装置,经过数十年的工艺改进和创新,现已完全适用于我国氧化铝工业生产。

综上所述,氢氧化铝焙烧按照发展过程可分为三代:第一代为回转窑;第二代为稀、浓相结合的流态化焙烧,包括流态闪速焙烧炉和循环流态焙烧炉;第三代为稀相流态化的气体悬浮焙烧炉。氢氧化铝焙烧工艺的类型如图7-2所示。流态化焙烧从开始研究到工业应用,经历了从浓相流态床向稀、浓相结合以至稀相流态化焙烧的发展过程。第三代稀相流态化的气体悬浮焙烧炉,有众多优点,已成为当前流态化焙烧发展的趋势。我国氧化铝工业也广泛采用气体悬浮焙烧装置,气体悬浮焙烧工艺也是本章重点介绍的流态化焙烧工艺。

$$
\text{氢氧化铝焙烧工艺} \begin{cases} \text{第一代: 回转窑} \\ \text{第二代: 稀、浓相结合流态化焙烧} \begin{cases} \text{流态闪速焙烧炉} \\ \text{循环流态焙烧炉} \end{cases} \\ \text{第三代: 稀相流态化的气体悬浮焙烧炉} \end{cases}
$$

图7-2 氢氧化铝焙烧工艺的类型

7.5.2 氢氧化铝流态化焙烧工艺

7.5.2.1 流态化焙烧的特点

固体流态化,简称流态化,是一种强化流体(气体或液体)与固体颗粒间相互作用的操作。例如:气体流过固体颗粒层,当流速增加到一定程度时,气体对固体颗粒产生的作用与固体颗粒所受的其他外力相平衡,固体颗粒就呈现出类似流体的状态,这种状态称为固体物料的流态化。

在流态化焙烧过程中,固体颗粒在流态化状态下与气体的热交换最为强烈,焙烧时间大为缩短。流态化焙烧过程可概括为:气固混合的流态化处理、加热和冷却的传热过程以及气固分离操作。

目前,新建氧化铝厂广泛采用流态化焙烧工艺。流态化焙烧工艺,结构紧凑,设备简单,占地面积小、投资省,由于没有转动部分,故可以用较厚的隔热层来减轻辐射热损失。其中气体悬浮焙烧炉具有众多优点,已成为当前流态化焙烧发展的趋势,我国氧化铝工业也广泛采用气体悬浮焙烧装置。

7.5.2.2 气体悬浮焙烧工艺

下面以国内某氧化铝厂焙烧生产为例,介绍气体悬浮焙烧工艺。

气体悬浮焙烧炉系统主要包括:喂料系统、干燥加热系统(含气体悬浮焙烧主炉)、冷却系统、除尘及粉尘循环系统、输送系统、燃烧系统等。气体悬浮焙烧工艺流程如图7-3 所示。

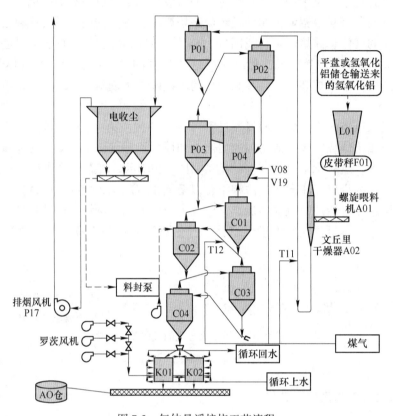

图 7-3　气体悬浮焙烧工艺流程

（1）喂料系统：包括皮带运输机、螺旋给料机等设备，主要任务是将湿氢氧化铝送入焙烧系统。

（2）干燥加热系统：包括文丘里干燥器 A02，加热旋风筒 P01、P02、P03，气体悬浮焙烧主炉 P04 等设备，主要发生固体物料与热气流换热升温及分离，固体物料脱水和晶型转变等。

（3）冷却系统：包括冷却旋风筒 C01、C02、C03、C04，冷却流化床 K01、K02，主要发生固体物料与冷风、冷却水换热降温，并气固分离。

（4）除尘及粉尘循环系统：主要设备是电收尘器，利用电收尘系统将气流中的固体粉尘加以收集利用，收尘后的废气排空。

（5）输送系统：主要设备为 ID 风机、气力提升泵、风动溜槽等。依靠 ID 风机抽气，为焙烧系统中的物料和气流提供输送和转移的动力，焙烧过程中物料输送的动力主要来自于 ID 风机的抽气；依靠风动溜槽将产品氧化铝吹送至氧化铝大仓。

（6）燃烧系统：主要任务是提供焙烧主炉所需燃料并燃烧放热，常用燃料为煤气。

在图 7-3 中，含附着水为 8%~12%、温度约 50℃的湿氢氧化铝由皮带输送机送入氢氧化铝仓，再经 50m³ 氢氧化铝小仓（L01）的电子皮带秤（F01）计量输送，进入螺旋给料机（A01），然后喂入文丘里干燥器（A02）。进入文丘里干燥器的湿氢氧化铝被来自预热旋风筒（P02）提供的约340℃的热气吹散，并迅速干燥。氢氧化铝颗粒和含水蒸气的混合气体（约150℃）经烟道进入旋风分离器（P01）进行气固分离。分离后的烟气经电收尘净化系统除尘后［含尘量（标态）不高于50mg/m³］，通过ID风机外排；分离后的氢氧化铝与高温旋风筒（P03）出来的约1000℃的热气充分混合、预热，进入预热旋风筒（P02）进行气固分离。气体由P02下降烟道导入文丘里干燥器对新一批入炉湿氢氧化铝进行干燥；从预热旋风筒（P02）分离出来的固体物料，经P02下降管沿着P04斜壁进入焙烧炉主炉（P04）进行焙烧。冷却旋风器组将预热至700~900℃的助燃空气从P04底部导入炉内，空气入口处的流速足以保证颗粒物料在焙烧炉整个断面上处于悬浮状态，作为燃料的煤气从P04底部侧面的12支烧嘴进入焙烧炉内燃烧，空气使物料悬浮及氢氧化铝的焙烧几乎是在同一瞬间发生，颗粒在炉子底部处于紊流状态，而在其他部位则处于单向流状态。物料在1000~1150℃的温度下，只在炉内停留几秒钟时间就被高温气体从下而上带出主炉，进入紧连的高温旋风分离器（P03）进行气固分离。分离出的热气体进入预热旋风筒（P02），用于处理下一批湿氢氧化铝；从高温旋风分离器（P03）分离出来的氧化铝依次进入一段自上而下、顺级配置的四级旋风冷却系统C01、C02、C03、C04，由C04锥部排出的温度约为250℃的氧化铝再进入流化床冷却器K01、K02，被逆向流动的水流间接冷却至80℃以下，通过气力提升泵、风动溜槽送至氧化铝大仓。电收尘收集下来的物料，经电收尘返灰系统吹送至冷却旋风筒C02中。焙烧炉系统由位于电收尘后的ID风机提供动力，整个生产过程由计算机操作系统完成自动控制。

国内某氧化铝厂气体悬浮焙烧炉外观如图7-4所示。

图7-4 国内某氧化铝厂气体悬浮焙烧炉外观

气体悬浮焙烧工艺的特点如下：

（1）没有空气分布板和空气喷嘴部件，预热燃烧用的空气只用一条管道送入焙烧炉底部，压降小，维修工作量小。

（2）整个系统中温度在 100℃以上部分，物料均处于稀相状态，系统总压降仅为 0.055~0.065MPa，动力消耗少。

（3）焙烧好的物料不保温，也不循环回焙烧炉，简化了焙烧炉的设计和物料流的控制。

（4）整个装置内物料存量少，容易开停，使开停车的损失减到最小。

（5）所有旋风筒垂直串联配置，固体物料由上而下自流，无须吹送，减少了空气耗用量。由于燃料在炉内有效分布和无焰燃烧，以及固体物料穿过焙烧炉时的稀相床流动，使产品质量均匀。

（6）整个系统在略低于大气压的微压下操作，更换仪表、燃料喷嘴等附件时不必停炉处理。

7.6　流态化焙烧的主要设备

7.6.1　皮带运输机

皮带运输机是一种利用连续而具有挠性的橡胶制输送带运送物料的常用设备。输送带绕过若干滚筒后首尾相连形成环形，并由拉紧装置将其拉紧。输送带及其上面的物料由沿输送机全长布置的托辊支撑。驱动装置使传动滚筒旋转，借助传动滚筒与输送带之间的摩擦力使输送带运动。它的输送能力大（500~1000m³/h），运输距离长（可达数千米），能耗低，运转费低，结构简单，便于维护，对地形的适应能力强；它既能运输各种块状、粒状、粉状等散状物料，又能运输单件质量不大的成件物品，是应用最广、产量最高的一种输送设备。

固定式皮带运输机的总体结构如图 7-5 所示。一条无端的胶带绕在传动滚筒和改向滚筒上，并由固定在机架上的上托辊和下托辊支撑。当驱动装置带动传动滚筒回转时，由于胶带通过拉紧装置的张紧作用，保证了胶带的一定张力，因此由传动滚筒与胶带间的摩擦力带动胶带运行。物料由给料漏斗加至胶带上，被运行的胶带输送到卸料装置而卸出。

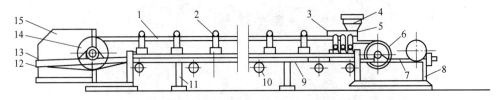

图 7-5　固定式皮带运输机的总体结构

1—输送带；2—上托辊；3—缓冲托辊；4—漏斗；5—导料槽；6—改向滚筒；
7—螺旋拉紧装置；8—尾架；9—空段清扫器；10—下托辊；11—间架；
12—弹簧清扫器；13—头架；14—传动滚筒；15—头罩

7.6.2　螺旋给料机

螺旋给料机是一种适用于干燥的、黏度小的、粉状料的给料设备，如生石灰、轻烧白云石、轻烧菱镁石、氢氧化铝等。其优点是结构简单、制造成本低、密封性能好、操作安全方便；缺点是零件磨损较大、给料能力小、消耗功率大，不适宜用于黏性大、易结块物料的给料。

螺旋给料机由槽体、螺旋、进料口、出料口和传动装置等组成，结构如图7-6所示。它是利用螺旋的旋转，将物料沿着固定的机壳槽内推移前进，通过排料口把物料排出槽外，来达到给料的目的。

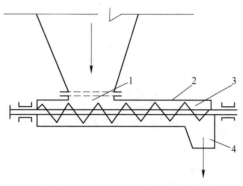

图7-6　螺旋给料机的结构

1—进料口；2—槽体；3—螺旋；4—排料口

7.6.3　气体悬浮焙烧炉

气体悬浮焙烧炉以气体为动力，在负压气流吹动下，氢氧化铝自螺旋供料口进入炉体文丘里烟道干燥、预热系统预热，再经过焙烧主炉燃烧区在1000~1150℃加热变成氧化铝，作短暂停留后冷却排走。冷空气经预热、燃烧，并与氢氧化铝换热冷却，再经电收尘器除尘后排空。气体悬浮焙烧炉工作原理示意图如图7-7所示。

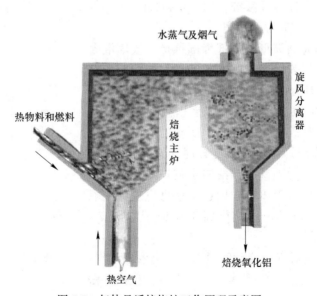

图7-7　气体悬浮焙烧炉工作原理示意图

气体悬浮焙烧炉设备的结构组成见表7-1。

表 7-1　气体悬浮焙烧炉设备的结构组成

序号	设备名称	结 构 组 成
1	供料系统	氢氧化铝小仓、电子皮带秤、螺旋给料等部件
2	供风系统	负压风机：280000m³/h
3	氢氧化铝预热系统	文丘里干燥器：ϕ3000mm，P01：ϕ3950mm、P02：ϕ4800mm、P04：ϕ5750mm
4	燃烧站	V19、T11、T12、V08
5	保温区	P03：ϕ5700mm
6	空气冷却系统	C01：ϕ4200mm、C02：ϕ3450mm、C03：ϕ3000mm、C04：ϕ2250mm
7	水冷系统	双室流态化冷却器 2×10 级
8	动力风系统	进风口、炉体、电收尘器、风门、风机、烟囱

7.6.4　旋风分离器

旋风分离器又称为旋风筒，可实现固体物料与气体换热并分离。根据换热目的可分为加热旋风筒和冷却旋风筒。旋风筒中的气固混悬物呈高速旋转的流态化状态，可快速完成热量交换，并能利用旋转产生的离心力实现气固分离。

在流态化焙烧工艺中，加热旋风筒常命名为 P 系统，如 P01~P04，主要发生固体物料与热气流换热升温和分离；冷却旋风筒常命名为 C 系统，如 C01~C04，主要发生固体物料与冷风换热降温和分离。

旋风筒的上部为圆筒形，下部为圆锥形，气固混合物从圆筒上侧的进气管以切线方向进入后，按螺旋形路线向器底旋转，器底是密封不漏气的。气体到达器底后折转向上继续旋转，成为内层的上旋气流，称为气芯，然后从顶部中央排气管排出。气流中所含的固体颗粒由于惯性离心力的作用，在随气流旋转时逐渐趋向器壁，碰到器壁后就失去动力而落下，滑向出灰口经锁气阀后排出。直径很小的部分固体颗粒则在未达器壁前即被卷入上旋气流从排气口排出。旋风筒工作原理如图 7-8 所示。

旋风筒的缺点是对气流流动的阻力大，易磨损物料；处理250℃以上烟气时，旋风筒易变形，需在器壁内部镶砌耐火材料等。

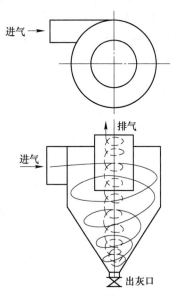

图 7-8　旋风筒工作原理

7.6.5 ID 风机

ID 风机叶轮在机壳内高速旋转，将叶轮间的气体离心抛出，叶轮中心处产生负压，又将气体不断吸入；在叶轮的不断旋转下，气体不断地吸入排出，从而使炉体系统内产生负压而工作。氢氧化铝焙烧过程中物料输送的动力主要来自于 ID 风机的抽气。

ID 风机主要由机壳、叶轮转子、轴承座、电动风门、变频调速装置和电动机等组成，风机的结构示意图如图 7-9 所示。国内某氧化铝厂使用的风机规格为：$Q = 280000 \mathrm{m}^3/\mathrm{h}$，$p = 11.22 \mathrm{kPa}$。

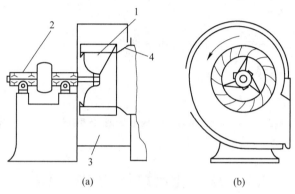

图 7-9 风机的结构示意图

(a) 主视图；(b) 左视图

1—叶轮；2—轴承座；3—机壳；4—进风口

7.6.6 电收尘器

电收尘器是一种高效除尘设备，除尘效率可达 97%～98%，被除去的灰尘粒度可小至 0.1～1μm。

电收尘器由电极、振打装置、放灰系统、外壳和供电系统组成。负电极为放电极，用钢丝、扁钢等制作成芒刺形、星形、菱形等尖头状，组成框架结构，接高压电源；正极接地为收尘极，用钢管或异型钢板制成，吊于框架上。

电收尘器的除尘原理是：在负极加以数万伏的高压直流电，正负两极间产生强电场，并在负极附近产生电晕放电。当含尘气体通过此电场时，气体电离形成正、负离子，附着于灰尘粒子表面，使尘粒带电；由于电场力的作用，荷电尘粒向电性相反的电极运动，接触电极时放出电荷，沉积在电极上，使粉尘与气体分离。

由于气体是在负极附近电离，电离产生的负离子再飞向正极时，距离较长，与尘粒碰撞机会多，荷电的尘粒多，因而收尘极上沉积的灰尘就多；相反，飞向负极的正离子经过的路程短，附着的灰尘就少。所以，灰尘主要依靠正极收集。定时振打收尘极，灰尘便落入集灰斗中。

静电除尘效率高，虽然除尘器投资较高，但是动力费用低，综合而论是经济实用的。图 7-10 所示为卧式电收尘器结构示意图。

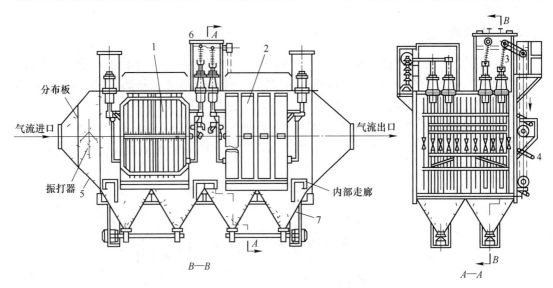

图 7-10　卧式电收尘器结构示意图

1—电晕极；2—集尘极；3—电晕极振打装置；4—集尘极振打装置；5—壳体；6—保温箱；7—排灰斗

7.7　氢氧化铝焙烧的平衡计算

7.7.1　焙烧的物料平衡计算

焙烧炉（窑）物料平衡及热平衡计算的作用是研究焙烧流量及热量的分布关系，确定流程的产出与消耗，为提高效率及降低能耗提供依据，也是强化生产指标和设备改进的基础。平衡计算主要是根据物质守恒定律及能量守恒定律，收入与支出相平衡。为此应通过测定及计算，使所得数据能够满足物料平衡及热量平衡，做到收支平衡。

有关计算公式如下：

（1）理论空气需要量按式（7-1）计算：

$$V_0 = 0.0089w(\text{C}) + 0.2667w(\text{H}) + 0.0333[w(\text{S}) - w(\text{O})] \tag{7-1}$$

式中，V_0 为理论空气需要量（标态），m^3/kg；$w(\text{C})$，$w(\text{H})$，$w(\text{S})$，$w(\text{O})$ 分别为料中各化学成分的质量分数，%。

（2）实际空气需要量 $V_{实空}$ 按式（7-2）计算：

$$V_{实空} = nV_0 \tag{7-2}$$

式中，n 为过剩空气系数，一般为 $1.05 \sim 1.25$。

（3）实际燃烧产物（废气）的组成及体积按式（7-3）计算：

$$V_{实产} = V_{\text{CO}_2} + V_{\text{H}_2\text{O}} + V_{\text{SO}_2} + V_{\text{O}_2} + V_{\text{N}_2} \tag{7-3}$$

式中，$V_{实产}$ 为燃料完全燃烧所生成的实际燃烧产物的体积（标态），m^3/kg；V_{CO_2}，$V_{\text{H}_2\text{O}}$，V_{SO_2}，V_{O_2}，V_{N_2} 分别为燃料所生成的燃烧产物中各成分的体积（标态），m^3/kg。

$$V_{\text{CO}_2} = 0.0187w(\text{C})$$

$$V_{\text{H}_2\text{O}} = 0.112w(\text{H}) + 0.124W$$

$$V_{SO_2} = 0.007w(S)$$

$$V_{O_2} = 0.21(n-1)V_0$$

$$V_{N_2} = 0.008V_{N_2} + 0.79V_{实产}$$

式中，W 为水分含量，%。

7.7.2 焙烧的理论热耗计算

氢氧化铝焙烧的理论热耗包括脱除附着水和脱除结晶水的吸热以及 γ-Al_2O_3 转变成 α-Al_2O_3 晶型时的放热。氢氧化铝焙烧反应的热效应为：

$$H_2O(l) \longrightarrow H_2O(g) \qquad \Delta H = 44.09kJ/mol$$

$$2Al(OH)_3 \longrightarrow \gamma\text{-}Al_2O_3 + 3H_2O(g) \qquad \Delta H_1 = 212.7kJ/mol$$

$$\gamma\text{-}Al_2O_3 \longrightarrow \alpha\text{-}Al_2O_3 \qquad \Delta H_2 = -30.8kJ/mol$$

或 $$Al(OH)_3 \longrightarrow \alpha\text{-}Al_2O_3 + 3H_2O(g) \qquad \Delta H_3 = 181.9kJ/mol$$

氢氧化铝焙烧的理论热耗（Al_2O_3）约为 2.42GJ/t。采用回转窑焙烧氢氧化铝的实际热耗为 8.44GJ/t 左右，其余热主要被出窑废气和氧化铝带走，以及通过窑体散失；采用循环焙烧炉的流态化焙烧工艺，热耗可达 3.1GJ/t 左右。

7.8 流态化焙烧实践操作与常见故障处理

下面以我国某拜耳法氧化铝厂焙烧工序的生产为例，介绍流态化焙烧操作与常见故障的处理。

7.8.1 流态化焙烧实践操作

7.8.1.1 开车准备

开车准备如下：

（1）联系调度确保燃气正常供应，压力与流量符合要求。

（2）检查确认氢氧化铝小仓有 40% 左右的氢氧化铝。

（3）检查所有设备的润滑是否符合要求，并确认所有的设备是否具备开车条件。

（4）用链球检查各旋风筒下料管是否畅通，对不畅通下料管进行清理。

（5）检查所有的煤气管道、阀门是否泄漏，所有的检查孔、人孔门、清理孔是否关闭、无漏风现象。

（6）检查所有的自控系统、仪器、仪表及计量装置是否经过校验，所有的电气设备绝缘是否良好。

（7）检查所有用水点供水是否正常。

（8）检查确认轻油站系统是否具备供油条件，管路是否畅通。

（9）ID 风机百叶风门应处于关闭状态。

（10）从计算机上再次确认现场检查各项目内容具备启动条件。

（11）将确认结果进行记录。

7.8.1.2　冷启动开车

焙烧炉经过较长时间停车,炉内温度与外界温度大致相同,此时炉子启动为冷启动,启动步骤如下:

(1) 检查百叶风门确实被完全关闭后,以最低转速 10% 启动 ID 风机。

(2) 经调度室同意后,运行启动燃烧器 T12。

(3) 启动燃烧器引燃后,开始按照预热升温曲线进行升温。升温以 C02 的 T1 为基准,升温速率为 50℃/h。

(4) C02 的 T1 温度升高至 550℃ 时,启动辅助燃烧器 V08,按照升温曲线将 P04 的 T2 升至 600℃ 以上。

(5) 当 P04 的 T1 温度大于 400℃ 时,启动主燃烧器,点燃一只烧嘴,此时改为以 P04 的 T1 为升温基准,升温速率为 50℃/h。

(6) 监视 P02 的 T3 温度,使其温度在整个升温过程中始终低于 375℃,通过调节冷风系统控制其温度,必要时可启动喷水系统进行降温。

(7) 按照升温曲线将 P04 的 T1 升高至 900℃,至此预热工作完成,开始带料烘炉,逐步正常下料。

(8) 启动流化床的流化风机(罗茨风机),控制流化床冷却器风压在 0.01 ~ 0.02MPa、风量在 30m³/h 左右。

(9) 联系焙烧循环水给流化床供水,并检查每台流化床水量达到 80m³/h 左右。

(10) 启动氧化铝输送系统。

(11) 将百叶风门全部打开后,逐步增加 ID 风机的转速,使 P01 的 P1 提高到下料时的压力水平(3~4kPa)。

(12) 启动喂料系统,通过电子皮带秤控制下料量,带料烘炉下料量为正常下料量的 30%,为 25~30t/h。

(13) 增加主燃烧器的投入,直到所有的烧嘴全部点燃。在点燃烧嘴时应该注意逐步关闭放散阀,以保持煤气压力在 250kPa 以上,并逐步对应开启烧嘴(如 1~7 号、2~8 号、3~9 号等)。

(14) 逐步提高焙烧炉的进风量,增加氢氧化铝下料量,控制 P04 的 T1 稳定升至 1080℃ 左右,下料量达到 80~100t/h。

(15) 在整个过程中,必须密切关注 CO、O_2 含量,在未达到正常下料量前 O_2 含量保持在 6%~10%,生产正常后将 O_2 含量控制在 2%~5%。

(16) 当 CO、O_2 含量稳定后启动返灰系统及电收尘,至此整个升温下料过程完成。

7.8.1.3　热启动开车

因某种原因造成焙烧炉临时停车,炉内温度仍较高,其升温不一定遵循升温曲线;温度可根据生产需要较大幅度提高,在较短的时间内恢复生产,这个操作过程称为热启动。启动步骤如下:

(1) 启动排风机(如风机已停)。

(2) 如 P04 的 T3 温度低于 400℃,应首先联系调度室做 T12 防爆试验,合格后启动

T12，使 C02 的温度以 100℃/h 的速度提高。

（3）提前联系煤气供应方做 V08 煤气防爆试验，合格后准备启动 V08。

（4）启动 V08 后，联系供气方准备启动 V19。如果启动失败，炉子空气净化 10~15min，适当提高系统负压，同时观察 CO、O_2 含量，再次启动 V19。

（5）启动 V19（先开一只烧嘴），P04 的升温速度控制在 100℃/h，当主炉温度升至 900℃时即可进行投料。

（6）投料前应启动氧化铝输送系统。

（7）启动沸腾流化床冷却系统。

（8）检查流化风是否已达到正常值，风压是否达到要求。

（9）缓慢打开排风机风门，以适当的速度提高排风机的转速。

（10）开始供料（应提前联系氢氧化铝皮带供料），启动给料螺旋及电子皮带秤，以 30%的下料量进行投料。

（11）密切监视废气中 CO、O_2 含量，调节排风机风量，以使 CO 含量在 0%、O_2 含量保持在 4%~20%，并及时提高风量。

（12）根据情况及时调整煤气量和排风量（风机调速），逐步提高下料量，当主炉温度稳定后即可停 T12。

（13）稳定地提高 V19 的煤气量、排风量及下料量，使炉温稳定在正常水平。下料正常后，观察废气中 CO、O_2 含量，如达到正常要求，即可启动电收尘及返灰系统。

（14）以上投料步骤进行完毕，生产恢复正常，认真做好记录，并向调度室汇报。

7.8.1.4　计划停车

计划停车步骤如下：

（1）接到停车指令后停止氢氧化铝供料系统向焙烧炉供料，拉低小料仓的料位。

（2）联系调度减小煤气供应量，减小 V19 的燃气量、下料量，防止 P04 的 T1 高位报警，同时注意煤气压力高位报警或低位报警，高位报警时可打开煤气管道放散进行调整，逐步关闭 V19 烧嘴。

（3）停止 T11（如果运行的话），关闭附属风机。

（4）等小料仓拉空后，停止 V19、V08、电收尘，关闭煤气手动阀。

（5）将 ID 风机速度减到最低速度的 10%。

（6）排空料封泵内物料后关闭返灰系统。

（7）关闭 ID 风机风门，停 ID 风机，让炉体自然冷却。

（8）待流化床内物料排尽后，关闭流化风机。

（9）当冷却器出水温度比进水温度只高 5℃左右时，可以停止冷却水供应。

（10）待氧化铝输送系统内的物料排空后，停止氧化铝输送系统。

（11）停止焙烧炉的一切运行设备，做好记录并汇报调度。

7.8.1.5　紧急停车

紧急停车步骤如下：

（1）汇报调度紧急停车，停 V19，关闭手动蝶阀，若煤气管道压力升高可打开管道放散阀。

（2）停喂料系统，同时停止往小料仓 L01 供料。

（3）停电收尘及返灰系统。

（4）将 ID 风机速度减至最低 10%，风门关闭后停止风机，待事故处理完毕后，按热启动步骤恢复生产。

7.8.1.6　巡检路线

巡检路线为：排风机→流化床冷却机→罗茨风机→粉尘返回系统→电收尘振打→T11→C04→C03→电子皮带秤→氢氧化铝料仓→喂料输送系统→T12→C02→C01→V19→V08→文丘里干燥器上部伸缩节→P03→P04→P02→P01。

7.8.2　流态化焙烧常见的故障及处理方法

流态化焙烧常见的故障及处理方法见表 7-2。

表 7-2　流态化焙烧常见的故障及处理方法

序号	现象	产生原因	处理方法
1	氢氧化铝进料供给故障，出现断料	（1）文丘里出口温度高； （2）旋风预热器，主炉出口温度高； （3）整个炉体出现负压减小	（1）关闭燃气站主燃烧器； （2）打开旋风预热器冷却风门； （3）排烟风机速度调到最低，风门关闭，时间过长需停排烟风机
2	旋风筒锥部发生堵塞事故	（1）被堵塞下部旋风筒的温度下降很快，所测负压升高； （2）被堵塞旋风筒的负压降低，并发生报警	（1）减少下料量，减少主燃烧器燃烧量； （2）在堵塞部位插入高压风管，用风管将其疏通； （3）出现顽固性堵塞，停排烟风机处理
3	燃料燃烧不完全故障	（1）主炉温度及炉体温度降低； （2）增加燃气量，温度上升不明显； （3）现场看火孔观察火焰发暗，不明亮，呈黄色（正常淡蓝色）； （4）废气中 CO 含量升高（或导致 ESP 停车）	（1）减少主炉进燃气量，还可减少氢氧化铝下料量； （2）增加风机排风量，加大风机速度； （3）检查一次空气压力及排风机； （4）检查主炉燃料进口的每个燃烧器的供气流量是否一致，并调节流量至适当位置

7.9　焙烧工序的主要质量技术标准

下面以国内某拜耳法氧化铝厂的生产为例，介绍焙烧工序的主要质量技术标准。

7.9.1　焙烧工序的质量技术标准

焙烧系统所生产的 Al_2O_3 为一级品冶金用砂状氧化铝，其质量符合 GB/T 24487—2009 标准中的 AO-1 牌号，化学成分见表 7-3。

表 7-3　冶金级氧化铝质量标准（GB/T 24487—2009）

品级	化学成分/%				
	$w(Al_2O_3)$（不小于）	w（杂质）（不大于）			
		SiO_2	Fe_2O_3	Na_2O	灼减
AO-1	98.6	0.02	0.02	0.50	1.0
AO-2	98.5	0.04	0.02	0.60	1.0
AO-3	98.4	0.06	0.03	0.70	1.0

注：1. Al_2O_3 含量为 100% 减去本表中所列杂质总和的余量；

　　2. 表中化学成分按在（300±5）℃温度下烘干 2h 的干基计算。

7.9.2　焙烧工序的工艺控制技术标准

焙烧工序工艺控制技术标准见表 7-4。

表 7-4　焙烧工序工艺控制技术标准

工艺参数	名　称	正常值	报警 1	报警 2
温度/℃	焙烧炉 P04 温度	1000~1100	低位报警 750	高位报警 1250
	高温旋风筒 P03 温度	950~1100	低位报警 950	高位报警 1250
	预热旋风筒 P02 温度	330	低位报警 300　高位报警 400	超低位报警 280　超高位报警 450
	干燥旋风筒 P01 温度	150	高位报警 350	
	P04 入口烟气温度	824	低位报警 400	
	P02 出料温度	336	低位报警 250	高位报警 500
	P02 入口烟气温度	340	高位报警 650	超高位报警 750
	文丘里干燥器 A02 出口温度	150	低位报警 140　高位报警 200	超低位报警 135　超高位报警 230
	二级旋风冷却筒 C02 温度	630	高位报警 700	
	沸腾床冷却机入水温度	35	高位报警 45	
	沸腾床冷却机出水温度	55	高位报警 60	
	沸腾床冷却机出料温度	80	高位报警 90	
压力/kPa	电收尘出口压力	-8.0	高位报警 -9.0	
	一级预热旋风筒 P01 出口压力	-6.1	高位报警 -8.0	
	一级预热旋风筒 P01 锥部压力	-5.8	低位报警 -3.92	
	二级预热旋风筒 P02 锥部压力	-3.9	低位报警 -1.47	
	高温分离旋风筒 P03 锥部压力	-3.3	低位报警 -1.47	
	一级冷却旋风筒 C01 锥部压力	-2.5	低位报警 -1.47	

工艺参数	名　称	正常值	报警 1	报警 2
压力/kPa	二级冷却旋风筒 C02 锥部压力	-0.2~-1.3	低位报警-0.2	
	三级冷却旋风筒 C03 锥部压力	-1.7	低位报警-0.49	
	四级冷却旋风筒 C04 锥部压力	-0.8	低位报警-0.10	
	沸腾床冷却机流化风进口压力	1.5	高位报警1.8	
	文丘里 A02 上下	1.5		
	焙烧炉 P04 上下	1.0		

7.9.3　焙烧工序的经济技术标准

（1）氢氧化铝焙烧的电耗：38~42kW·h/t。

（2）氢氧化铝焙烧的煤气热耗：≤3350MJ/t。

拓展阅读——对质量极致追求的缆索钢

今天的中国钢铁工业又在碳达峰、碳中和的目标要求下展开新的战场，更绿色、更低碳、更高效。

九曲黄河万里沙，壮美的黄河闪耀着悠久的中华文明。2019年9月，黄河流域生态保护和高质量发展正式上升为重大国家战略。推动沿黄城市实现高质量发展，离不开基础设施的互联互通。世界上跨度最大的三塔自锚式悬索桥——济南黄河凤凰大桥，主缆每根由61束索股组成，每股又包含127根直径仅6.2mm的高强钢丝，每根钢丝抗拉强度达到1960MPa。济南黄河凤凰大桥是黄河上最宽的桥。13.5万吨的桥梁总载荷由两根主缆承载，是大桥的生命线。缆索将与大桥一起服役百年，中间不需要更换。这既减少了用钢量，降低了能耗，又负担起大桥的安全。

直径15mm的盘条经过九组特定规格的模具被拉拔变细，每经过一道拉拔，强韧性都会增加。就像面馆师傅手里的拉面，"劲道"不易断。桥梁缆索钢强韧指数是否合格，需要闯过三关：第一关，钢丝缠绕在直径是它3倍的芯棒上，需要绕8圈不能断裂；第二关，反复弯曲180°，4次之后才允许断裂；最后一关，360°扭转连续拧12次要做到安然无恙。闯过三关的钢丝，尽管直径只有6mm，却可以吊起三辆重达2t的家用轿车。好钢丝的基础就是钢坯要好。超高强度钢丝对材料纯净度要求非常严格，钢水的纯度决定了钢丝的韧度。什么时候加入合金，加什么合金，加多少合金都影响着钢水的纯度。钢水炼好后，关键在于线材厂。线材车间通过对温度等参数的精确控制，使钢材能达到高强度和高韧性。

目前，我国缆索钢的强度已经达到世界领先地位。炼钢人对钢材质量的极致追求，是钢铁业前进的动力。我们必将用一流的产品不断推动钢铁行业高质量发展。

8 赤泥综合利用与环境保护

8.1 赤泥的概述

赤泥是以铝土矿为原料，碱法生产氧化铝过程中产生的固体废渣。随矿石品位及生产工艺的不同，每生产1t氧化铝的赤泥产出量少则几百千克，多则可达数吨。例如拜耳法，每生产1t氧化铝约产出1t的赤泥，全世界每年要产出近亿吨的赤泥。我国赤泥排放系数见表8-1，国内某氧化铝厂赤泥堆场，如图8-1所示。

表8-1　我国赤泥排放系数

生产地	郑州	山西	贵州	山东	中州	广西
Al_2O_3 的赤泥产生量/t · t^{-1}	0.68	0.83	0.85	1.45	1.15	1.10
生产方法	联合法	联合法	联合法	烧结法	烧结法	拜耳法

图 8-1　国内某氧化铝厂赤泥堆场

在尚未得到经济而大量利用的情况下，陆地堆存仍将是处理工业废弃赤泥的主要方法。由于赤泥中含有一定量的附碱等对环境有害的物质，赤泥的堆存不仅占用大量的土地资源，还会污染堆场周围的环境，因此堆存时必须采取有效措施以防止或减少赤泥含碱附液进入地表和地下水体，防止或减少土地盐碱化及水域的污染，减轻对工农业、渔业及周围环境造成的影响。有部分国家甚至直接将赤泥倾倒于深海中，这可能会在一定程度上对附近海域造成污染。赤泥干法堆存是减轻环境污染，降低生产碱耗的一种重要方法。但最理想的方法是通过提高赤泥的综合利用水平，使之变废为宝，这也是解决赤泥对环境污染的最根本的途径。赤泥中含有许多有用的矿物和有价金属，可用于生产水泥、制造建筑材料和提取铁、钛、钒及钪等有价金属。现阶段，赤泥综合利用率不足10%，其大规模综合利用已成为一项世界性难题。

8.2　赤泥的性质

8.2.1　赤泥的化学成分

赤泥的化学成分主要有 SiO_2、CaO、Fe_2O_3、Al_2O_3、Na_2O、TiO_2、Na_2O、K_2O 等，此外还含有 Re、Ga、Y、Sc、Ta、Nb、U、Tu 和镧系元素等微量的有色金属化合物。由于铝土矿成分和生产工艺的不同，赤泥中各种组分含量变化很大。我国不同地区氧化铝厂及澳大利亚赤泥主要成分见表 8-2。从该表中可以看出：赤泥中均含有一定量的有害物质，如 Na_2O，同时也含有一定量的有用成分，如 Fe_2O_3。

表 8-2　我国不同地区氧化铝厂及澳大利亚赤泥主要成分　　　　　　（%）

企业所在地	贵州		广西	山西	郑州	中州	山东	澳洲 QAL
生产方法	拜耳法	烧结法	拜耳法	联合法	联合法	烧结法	烧结法	拜耳法
$w(SiO_2)$	12.8	25.9	7.79	21.4~23.0	18.9~20.7	20.94	32.5	24.0~29.0
$w(CaO)$	22.0	38.4	22.60	37.7~46.8	39.0~43.3	48.35	41.62	0.5~4.0
$w(Fe_2O_3)$	3.4	5.0	26.34	5.4~8.1	10.0~12.6	7.15	5.70	21.0~36.0
$w(Al_2O_3)$	32.0	8.5	19.01	8.2~12.8	5.96~8.0	7.04	8.32	15.0~20.0
$w(MgO)$	3.9	1.5	0.81	2.0~2.9	2.15~2.6			0.5~1.0
$w(K_2O)$	0.2	0.2	0.041	0.2~1.5	0.47~0.59			
$w(Na_2O)$	4.0	3.1	2.16	2.6~3.4	2.58~3.68	2.30	2.33	4.0~10.0
$w(TiO_2)$	6.5	4.4	8.27	2.2~2.9	6.13~6.7	3.20		
$w(灼减)$	10.7	11.1	9.46	8.0~12.8	6.5~8.15			7.0~12.0
$w(其他)$	4.5	1.9	1.519					

8.2.2　赤泥的矿物组成

赤泥中的矿物组成，根据矿石成分、处理工艺的不同而有所区别。拜耳法赤泥中主要矿物成分为钠硅渣、赤铁矿、针铁矿、水化石榴石、钙钛矿、方解石等，烧结法赤泥中主要矿物分别为硅酸钙、钠硅渣、水化石榴石、赤铁矿、钛矿物等。国内不同地区氧化铝厂赤泥矿物组成的典型数据见表 8-3。

表 8-3　国内不同地区氧化铝厂赤泥矿物组成的典型数据　　　　　　（%）

成分（质量分数）	平果	郑州	山东
一水硬铝石	2~8	微量	微量
一水软铝石	微量	微量	微量
原硅酸钙	无	53	50~60

成分（质量分数）	平果	郑州	山东
水化石榴石	20~28	10	5~9
钙霞石	12~17	11	6~11
方钠石	微量	微量	微量
赤铁矿	27~33	7.5	6~11
针铁矿	4.5~7.0	—	—
钙钛矿	11~14	11	2~5
金红石	微量	微量	微量
锐钛矿	微量	微量	微量
石英	微量	5	微量
方解石	1.5~2.0	微量	6~14

8.2.3　赤泥附液的主要成分

赤泥附液是指在赤泥外排时所带出的液相，这些液相无法与赤泥固相彻底分离，只能随赤泥一起堆存。赤泥附液中除水外，还含有 K^+、Na^+、$Al(OH)_4^-$、F^-、Cl^-、CO_3^{2-}、SO_4^{2-} 等多种成分，pH 值在 12~14，呈强碱性，含有苛性碱、铝酸盐、硫酸盐、氯化物及少量草酸盐和腐殖酸等多种盐类。表 8-4 和表 8-5 分别给出了典型的烧结法赤泥附液、拜耳法赤泥附液的化学组成。从这两个表中可以看出，无论是哪一种生产工艺，赤泥附液中均含有一定量的苛性碱和碳酸碱，进而造成环境的污染。

表 8-4　典型的烧结法赤泥附液的化学组成　　　　　　（%）

$w(Al_2O_3)$	$w(Na_2O_K)$	$w(Na_2O_C)$	$w(SiO_2)$	$w(CO_2)$	$w(H_2O)$
0.23	0.157	0.0366	0.0984	0.0514	99.469

表 8-5　典型的拜耳法赤泥附液的化学组成　　　　　　（%）

$w(Al_2O_3)$	$w(Na_2O_K)$	$w(Na_2O_C)$	$w(SiO_2)$	$w(CO_2)$	$w(H_2O)$
0.423	0.384	0.03	0.001	0.022	99.123

8.2.4　赤泥的物理化学特性

赤泥外观大多呈赤褐色，颗粒细小且不均匀，粒度分布主要集中在 1~75μm。赤泥具有较高的比表面积，内部有丰富的毛细孔，导致赤泥吸湿性强，含水率高。干赤泥的体积密度 0.65~0.9g/cm³，密度 2.7~2.98g/cm³。

赤泥的物理化学特性主要包括阳离子交换量和比表面积两项指标。赤泥的阳离子交换量总体上偏高，其值高于膨胀土和高岭土，低于伊利土和蒙托土。赤泥的主要物理性质见表 8-6。

表 8-6 赤泥的主要物理性质指标

序号	物理指标	指标值
1	密度/$g \cdot cm^{-3}$	2.7~2.98
2	孔隙比	2.45~2.95
3	塑性指数	17~30
4	液性指数	0.92~3.37
5	熔点/℃	1200~1250

8.3 赤泥对环境的影响

赤泥及其附液中污染物主要有碱、氯化物、氟化物等，赤泥的 pH 值在 8.5~13。氧化铝生产典型的赤泥固相与附液 pH 值见表 8-7。从此表中可以看出，无论是固相还是液相，其 pH 值均很高。正是因为苛性碱的存在，才使得赤泥成为氧化铝生产中最大的污染源，制约了赤泥的综合利用，使其成为一项亟待解决的世界性难题。

表 8-7 氧化铝生产典型的赤泥固相与附液的 pH 值

参　数	赤泥固相	赤泥附液
混联法赤泥的 pH 值	11.2	12.3
烧结法赤泥的 pH 值	11.8	12.2
拜耳法赤泥的 pH 值	12.3	12.4

赤泥堆场对环境的影响可表现在：对水的污染，使水域内 pH 值、浮游物及有害杂质含量超标；对土壤环境的污染，赤泥的堆存占用大量的土地和农田，造成土地的盐碱化、沼泽化；赤泥堆场中干燥部分尘土飞扬，引起堆场周围的大气污染等。

8.3.1 赤泥对水环境的影响

赤泥的主要污染物是碱、氯化物、氟化物和铝离子等，这些物质经各种途径进入地下水，随着食物链进入人体，或者人们长期饮用含有这些污染物的地下水，各种污染离子就会在人体内富集，从而影响身体健康。

碱对人体的危害往往不是直接的，一方面，高碱度的污水渗入地下或进入地表水，使水体 pH 值升高，以致超出国家规定的相应标准，造成水污染；另一方面，pH 值的高低常常影响水中化合物的毒性。

送往堆场的赤泥中 Na_2O 的含量通常在 2.5%~5.0%，有的甚至超过 7%。赤泥中挟带的附液会逐渐渗入地下，使堆场周围的水系受到严重污染。堆积的赤泥废物经过雨水的浸渍和本身的分解，渗透液和有害化学物质的转化和迁移将对附近地区的河流及地下水系和资源造成污染。向水体倾倒固体废物还将缩减江河湖面的有效面积，使其排洪和灌溉能力降低。

8.3.2 赤泥对大气环境的影响

由于赤泥的粒度极细且含有碱，赤泥堆场中干燥赤泥在风的吹动下以尘埃的形式进入大气中，加大了空气的含尘量，从而对大气环境造成污染。据研究表明，当发生 4 级以上的风力时，在赤泥堆表层 1.0~1.5cm 的粉末将出现剥离，其飘扬的高度可达到 20~50m。赤泥中的碱等有害成分可以抑制植物的生长和发育，在缺少植被的地区，则将因侵蚀作用而使土层的表面剥离。

8.3.3　赤泥对土壤环境的影响

氧化铝厂每年产出多达数百万吨赤泥浆，赤泥浆庞大的体积和腐蚀性是赤泥弃置的难题，赤泥的堆存将占用大片的土地资源。赤泥废物及其淋洗液和渗滤液中所含的有害物质，会改变土壤的性质和土壤结构，使大面积的土壤盐碱化、沼泽化，并将对土壤中的微生物产生有害影响。这些有害成分的存在，不仅有碍植物根系的发育和生长，而且还会在植物有机体内积存，通过食物链危及人体健康。

8.4　赤泥的堆存

随着环境保护工作的加强，赤泥的排放情况有了较大的改善。过去一些国家曾经采用排海法把赤泥排入深海的办法处理赤泥。目前大多采用露天堆存，并由湿法堆存向干法堆存过渡。有的氧化铝厂还在赤泥堆存场上种植草木，并形成了灌木林。

目前，陆地堆存一直是，而且将来仍然是处理大量废弃赤泥的主要方法。赤泥陆地堆存有两种方式：一种是赤泥的湿法堆存，即赤泥以泥浆状态从工厂输送到堆场堆存，堆场的废液再返回氧化铝厂使用。湿法堆存不需要对赤泥浆体进行深度过滤浓缩，输送也较为容易，但存在坝体稳定性较差、有效库容较小等问题。另一种是赤泥经过滤后实施干法堆存。干法堆存需要采用过滤浓缩设备先对赤泥进行浓缩，其输送泵压力较高；优点是容易筑坝，坝体稳定性较好，且有效库容大。

8.4.1　赤泥的湿式堆存

赤泥的湿式堆存方法主要有传统的利用自然冲沟湿湖堆存法、平地筑坝堆放法、地下排水法和废弃矿井充填法等。其中湿湖堆存法所处理的赤泥浆从氧化铝厂泵送到赤泥堆场后，浆体中的赤泥粒子借重力自然沉降分离，含碱的上层液通过溢流管（井）收集后通常返回到氧化铝生产流程加以回收利用。地下排水法使用砂床过滤技术，可以实现快速排水干燥，适于处理沉降性能较差的细颗粒赤泥，这种方法把储渣池和储水池分开设计，在渣场底部密封层上面和坝内侧均匀铺设了一层过滤砂床以及雨水和上清液倾析收集系统。废弃矿井充填法在其他冶炼、选矿行业尾矿处理上也已有应用，我国氧化铝行业也进行了赤泥充填工艺研究，取得了很好的效果。但采用废弃矿井充填法会受到赤泥运输距离的限制。

赤泥湿式堆存时为了避免污染地下水源，堆场底部应采用严格的密封防渗措施以阻止赤泥附液渗入地下。赤泥湿式堆存时的附液分离和回收使用对于改善工厂的水平衡、减少新水用量和降低碱耗都具有重要的作用。同时也可以减轻对水资源和土壤的污染。许多氧化铝厂是将堆场分成具有自然倾斜度的多个区间，通过位于坝顶的管道将赤泥送入各个区间，赤泥在堆场自然沉降后的澄清液集中返回氧化铝厂，经处理后进入生产流程；有些工厂在堆场构筑排水沟和流水通道，将裸露赤泥表面流下的雨水引入集水池进行处理或返回工厂加以利用。通常在赤泥堆场建造围堤或隔离坝，以增加堆场库容并防止赤泥污染地域扩大。为了减轻赤泥含碱尘埃飞扬，在多风的气候条件下应用喷水系统以防止赤泥粉尘对大气的污染。

8.4.2 赤泥的干式堆存

赤泥干式堆存技术是赤泥处理工艺的重大进步，是减轻赤泥对环境污染、降低生产碱耗的一种重要方法。赤泥干式堆存技术现已被世界上许多氧化铝厂所采用，在国内中国铝业广西分公司（原平果铝厂）最早采用了此种赤泥堆存方法。

干式堆存的基本工艺流程是：将多次洗涤的赤泥用深锥高效沉降槽进行沉降分离，得到高固含的赤泥底流，再经转鼓过滤机等其他设备进一步脱水，使固含提高到55%左右。赤泥滤饼经过机械剪切降黏，黏度降低至原来的1/10左右，然后用活塞泵或隔膜泵送到堆场。近年来，随着科学技术的发展和对环境保护的重视，某些氧化铝厂将赤泥输送到堆场附近的高压过滤系统进一步过滤脱水，得到固含75%左右的赤泥，再用皮带输送机或重型卡车送至赤泥堆场。这种高固含赤泥堆积处理的优点是可以堆放在平地和山坡上，堆场可以就地进行环境美化，压实后赤泥的渗透率非常小，沉积区的赤泥底部防渗密封处理费用下降。赤泥的干式堆存流程，如图8-2所示。

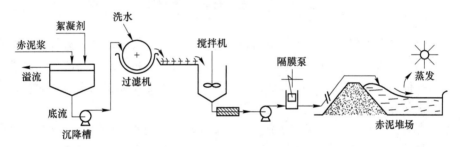

图8-2 赤泥的干式堆存流程

与湿式堆存的赤泥堆场类似，许多采用干式堆存的氧化铝厂将堆场分成具有自然倾斜度的多个区间，在堆场构筑排水沟和流水通道，将裸露赤泥表面流下的雨水引入集水池进行处理或返回工厂加以利用。通常也在赤泥堆场建造围堤或隔离坝，以增加堆场库容，并防止赤泥污染地域扩大。为了减轻赤泥含碱尘埃飞扬，在多风的气候条件下应用喷水系统以防止赤泥粉尘对大气的污染。赤泥堆存时为了避免污染地下水源，堆场底部应采用严格的密封防渗措施以阻止赤泥附液渗入地下。赤泥堆场的防渗结构如图8-3所示。应按照国家对危险废物贮存污染控制标准的规定设计赤泥堆场，通常人工防渗层由下至上依次为细土或干赤泥、三元防渗橡胶膜、细土或干赤泥、碎石透水层、土工布等，其渗透系数不大于1×10^{-11}cm/s。一般赤泥堆场坝体内外坡、土堤内边坡及库区全部场底需铺设三元乙丙橡胶膜（厚度2.0mm）作为防渗层。

采取干式堆存技术有以下优点：

（1）干赤泥输送量少，堆场有效库存量大、占地面积小。

（2）干赤泥含水率低、附碱少，碱回收率高，对地下水的污染减少。

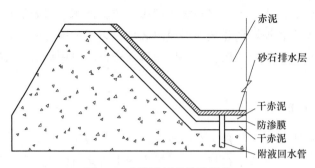

图 8-3　赤泥堆场的防渗结构

（3）易于仓存、运输和利用，可代替土壤填坑造地，复原矿山采空区。

（4）经过充分洗涤和过滤后的干赤泥固化快，不需专门的密封隔离。

（5）赤泥的堆存高度比湿式堆存提高 4~5 倍。

（6）没有赤泥回水与空气接触，不存在回水中的碱吸收空气中的 CO_2 等有害气体的问题，提高了循环母液的纯度，减少了氧化铝厂苛化工序的负荷。

干式堆存是降低赤泥堆存对环境污染的一种有效方法，但能耗及其他费用较高。

8.5　赤泥的综合利用

赤泥废渣的堆存不仅产生土地占用问题，还会对堆场周围的水系、大气、土壤等环境造成一定的污染，因此，加强赤泥堆场闭库后的复垦造地，植树绿化是改善赤泥堆场环境的重要方向；提高赤泥的综合利用水平，变废为宝是治理赤泥危害的最有效途径，我国各氧化铝厂在这些方面都开展了大量研究应用工作。

赤泥中含有铁、钛、钒、钪等有价金属元素和其他有用矿物成分，因此赤泥可用于生产水泥、建材等，并可从中回收金属。不过，目前赤泥的综合利用水平还很低。

由于矿石成分和氧化铝生产方法的不同，赤泥的化学和矿物组成差别很大，赤泥利用的途径也因此多样化。但归纳起来，主要有：

（1）回收赤泥中铁、钛、钒、钪等有价金属。

（2）利用赤泥生产水泥和其他建筑材料。

（3）赤泥可用作炼钢保护渣。

（4）赤泥可用于生产硅钙肥料。

（5）赤泥可用作塑料填充剂。

（6）赤泥可用于废水治理。

在上述这些应用方向中，目前较为成熟且被广泛应用的是回收赤泥中的有价金属，以及利用赤泥生产水泥等建筑材料。

8.5.1　赤泥中铁的回收

赤泥中的铁主要是以 Fe_2O_3 的形式存在。赤泥的铁含量与铝土矿的铁含量及氧化铝的生产工艺有关，随着我国进口铝土矿的增加，采用拜耳法生产工艺的赤泥中铁含量普遍在

30%以上。我国对赤泥回收铁工艺方法进行了大量的研究，现在已有成功产业化的实例。在铁矿石资源日益减少、趋向枯竭及环境污染越来越严重的情况下，对赤泥中的铁进行回收利用使其成为二次资源具有重要的战略意义和现实意义。

高梯度磁选机是一种用于弱磁性矿物筛选的强磁选设备。采用高梯度磁选工艺处理赤泥，目前已在工业上取得了成功应用。例如，中国铝业广西分公司直接采用高梯度磁选机全磁选工艺流程回收铁的半工业试验取得成功。该工艺将赤泥浆分级、细磨，磨矿产品加入强磁机进行粗选，粗选尾矿再用强磁选机进行扫选，两段精矿进入高效浓密机浓密，浓密后的产品进入过滤工序脱水，脱水后产品转运至精矿库，铁精粉品位最高可达52%。再例如，中国铝业山东分公司对拜耳法赤泥选铁进行了大量的试验研究工作，尝试采用非冶金方法回收赤泥中的铁，在前期研究工作的基础上，近年来成功开发了赤泥的脉冲高梯度磁选工艺。该公司已建成了年处理40万吨拜耳法赤泥的选铁生产线，能够生产铁砂和铁精粉两种产品，产出率约为40%，生产的产品中氧化铁含量一般在35%~75%之间，其中，氧化铁含量低于65%的可以用于水泥生产，氧化铁含量高于65%的可以作为钢铁生产原料。

国内某氧化铝厂高梯度磁选赤泥选铁工艺流程如图8-4所示。该项目将赤泥沉降区来的末次底流送至赤泥混合槽，用热水稀释后自流入圆筒隔渣筛内除杂质，杂质渣自流至尾矿缓冲槽。除杂质后的赤泥料浆自流进入筒式中磁选机中选出少量含铁矿物（主要为磁铁矿），用热水冲洗后直接自流进入精矿槽。绝大部分料浆自流至高梯度磁粗选机进行粗选（主要为赤铁矿），粗选后的尾矿自流至尾矿槽，精矿用热水冲洗后自流至高梯度磁精选机进行精选（主要为赤铁矿）。精选后的尾矿自流至尾矿槽，尾矿槽内的料浆用泵分别送至4个系列沉降三洗槽前的水力混合槽，精矿用溢流槽的溢流水冲洗后自流至精矿槽。精矿槽内的铁精矿料浆用泵送至浓密机，经浓密机浓缩脱水，溢流自流到溢流槽，再通过溢流泵送至磁精选机进行循环利用；浓密槽底流送往喂料槽。同时开启压滤机进行压滤，滤液进入滤液槽再返回浓密槽，过滤后的滤饼为企业产品——铁精粉（主要为赤铁矿粉）。该项目采用广西冶金研究院研发的常温下赤泥选铁技术，主要将氧化铝厂排放的赤泥，经调浆、粒度分散、高梯度磁选机粗选和精选得到铁精矿，尾矿用浓密机浓缩后送至赤泥库堆存，浓密机的上清液用于系统内循环调浆冲矿，尾矿渣和水都不外排。该工艺技术适用于含铁在23%以上、矿浆浓度为35%~50%的赤泥，具有工艺简单、能耗低、生产成本低、操作环境友好等特点，对上游生产氧化铝没有影响，对氧化铝生产工艺没有要求，适用性广。目前该技术可得到精矿的品位达52.99%，产率11.2%，回收率20.87%。

8.5.2 利用赤泥生产水泥和其他建筑材料

碱-石灰烧结法产生的赤泥中，含有大量的$2CaO \cdot SiO_2(50\%~70\%)$、$3CaO \cdot Al_2O_3 \cdot xSiO_2 \cdot yH_2O$ 和 $CaCO_3$ 等成分，因而可以用来生产水泥。

利用赤泥生产水泥与普通水泥厂的生产工艺流程和技术条件基本相同。赤泥生产硅酸盐水泥的工艺流程如图8-5所示。氧化铝厂排出的赤泥先经过滤机过滤，以降低赤泥浆的水分，然后按水泥配料比配入石灰石和砂岩磨制成生料浆。经调配合格的生料浆送入回转窑煅烧成水泥熟料。按普通硅酸盐水泥的技术条件配以一定的矿渣和石膏再经球磨机磨制成水泥产品。利用赤泥生产水泥配料原则是在保证水泥质量的前提下尽量提高赤泥的配比。但由于赤泥中含有一定量的碱,因此赤泥的配比不能过大,一般为 20%~30%。向烧结法赤泥中添加活性 CaO 脱碱,可使赤泥配比由脱碱前的 25% 左右提高到 50% 以上。

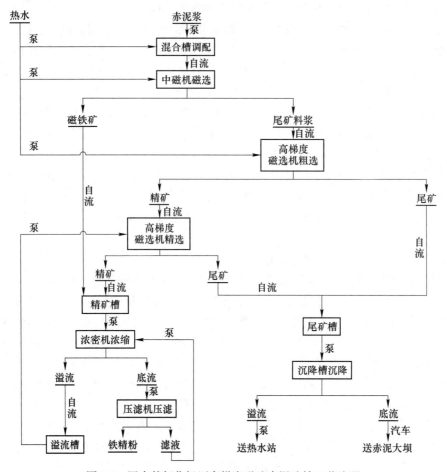

图 8-4　国内某氧化铝厂高梯度磁选赤泥选铁工艺流程

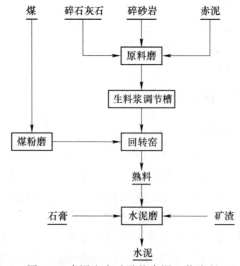

图 8-5　赤泥生产硅酸盐水泥工艺流程

除此之外，国内外还利用拜耳法赤泥生产硫酸盐水泥；利用赤泥生产微孔硅酸钙绝热制品；将赤泥和粉煤灰一起作为建筑制品的原料，生产建筑物的外墙砖、墙体砖等；也有利用赤泥制造具有较高机械强度和较好耐磨性的瓷砖；利用拜耳法赤泥生产玻璃等建筑材料。

8.5.3 赤泥中有价金属的回收

赤泥中钛的氧化物提取可采用不同的方法。如果钛的氧化物是以金红石的形式存在，则在碳-氯化作用之后，采用镁还原反应制取海绵钛；如果钛以钛酸钙的形式存在，则采用硫酸法将其转化为金红石。由于钛的氧化物提取将引起赤泥中许多副反应的发生，因此应尽可能在其他成分除去之后再提取钛的氧化物。赤泥经烘干、烧结、溶出、分离洗涤除去氧化铝，然后进行磁选分离和熔融回收铁，而得到的非磁性部分可用于回收钛的氧化物。目前，从赤泥中提取钛或者钛的化合物还未能实现产业化。

铝土矿中 V_2O_5 含量为 0.001%~0.35%。从氧化铝生产中回收钒早已在工业上得到应用，其中匈牙利从氧化铝厂回收 V_2O_5 成为该国钒的主要来源。

钪是铝土矿中的微量杂质，铝土矿中 Sc_2O_3 含量一般为 0.001%~0.01%。国内广西平果铝土矿、山西铝土矿中都伴生有钪。用拜耳法或烧结法处理铝土矿生产氧化铝时，所含的钪95%以上进入赤泥中。因为铝土矿处理量大，所以将赤泥作为回收钪的原料是有意义的。国内外都开展过从赤泥中回收钪的工艺研究，但技术尚不成熟，未能实现产业化应用。

8.6 赤泥堆场的复垦

全世界的赤泥每年在以 1 亿吨的速度增长，要实现赤泥的全部综合利用是氧化铝工业一直追求的目标和良好愿望，但难度大、任重而道远。对赤泥堆场进行土壤改良、造土还田，对赤泥堆场进行绿化美化，是各大铝业公司低成本综合治理赤泥堆场有效的解决方案。

由于赤泥呈强碱性，不经处理的赤泥堆场植物难以生长。但经过国内外多年的努力探索，将赤泥由工业垃圾变为有用的土地资源完全可能。我国在赤泥堆场的复垦造田方面开展了诸多有益的研究开发工作。北京矿冶研究总院和中国铝业广西企业针对赤泥碱性高、堆场坡度陡等技术难题，运用土壤学、生态学、岩土学等多学科综合原理，开展全面现场调查、采样分析、室内盆栽试验、种植基质土壤改良试验和现场扩大试验及推广应用，开发既能控制赤泥边坡水土流失，又能恢复赤泥堆场生态环境的综合植被护坡技术。研究成果已在中铝广西分公司赤泥堆场得到大面积推广应用，子坝每上升一级，就及时建立一级护坡植被，几乎不存在裸露的赤泥边坡，实现了赤泥堆存与生态护坡基本同步进行的赤泥坝体安全管理和生态恢复模式，取得了赤泥堆场边坡植被覆盖度90%，每年形成赤泥边坡植被万余平方米。通过技术研究和长期应用实践，该技术成果为赤泥堆场的安全、清洁生产和坝场区生态治理提供了技术支撑，对我国赤泥固体废物堆场的环境治理和生态保护具有示范作用。

牢固树立绿水青山就是金山银山理念，扎实推进生态文明，建设美丽家园。

拓展阅读——进一步提升工业资源综合利用

为进一步提升工业资源利用效率，工业和信息化部、国家发展和改革委员会等八部门印发《关于加快推动工业资源综合利用的实施方案》（以下简称《实施方案》）。

"十三五"期间，我国工业资源综合利用行业不仅技术装备水平有效提升、产品日益丰富，还涌现出多种基于地方特点、成熟可推广的产业发展模式，带动产业规模不断壮大。据估算，2020 年我国大宗工业固体废物综合利用量 20 亿吨，再生资源回收利用量约3.8 亿吨，资源综合利用已经成为保障我国资源供应安全的重要力量。

我国工业资源综合利用产业实现高质量发展，仍面临一些问题。当前固体废物产生量大、堆存量多，废玻璃等低值化废旧物资回收率低；企业技术装备水平不高，部分关键技术尚未突破，高附加值、规模化利用能力不足。此外，报废可再生能源设备、快递包装废物等新兴固废大量产生，缺乏有效利用途径和技术路线，综合利用难度大等问题亟待解决。

为此，《实施方案》给出了解决方案：聚焦当前社会关注热点难点问题，完善废旧动力电池回收利用体系，深化废塑料循环利用，探索新兴固废综合利用路径，推动再生资源高值化利用；在强化跨产业、跨地区协同利用，推动工业装置协同处理城镇固废，推进关键技术研发示范推广，加强数字化赋能和示范引领等方面下功夫，持续提升行业发展能力。

如何提升工业固废综合利用效率?《实施方案》提出，应在巩固"十三五"发展成效基础上，进一步推动工业固废规模化高效利用；瞄准工业固废综合利用水平提高的薄弱环节和产业堵点，着力提升复杂难用固废综合利用能力，重点推动磷石膏综合利用量效齐增、提高赤泥综合利用水平；从推动技术升级和优化产业结构两方面减少工业固废产生。

与此同时，《实施方案》还为行业发展提出具体目标：到 2025 年，钢铁、有色、化工等重点行业工业固废产生强度下降，大宗工业固废的综合利用水平显著提升。力争大宗工业固废综合利用率达到 57%；主要再生资源品种利用量超过 4.8 亿吨。

下一步，将利用国家和地方现有资金、金融渠道及社会资本，支持工业资源综合利用项目建设，落实资源综合利用税收优惠政策。工业和信息化部将研究制定工业资源综合利用管理办法，鼓励地方出台地方性法规，建立激励和约束机制；设立工业资源综合利用行业标准化技术组织，加快标准制修订，推动《实施方案》落实，确保上述目标如期实现。

参 考 文 献

[1] 刘自力，刘洪萍，等．氧化铝制取［M］．北京：冶金工业出版社，2010.

[2] 李旺兴．氧化铝生产理论与工艺［M］．长沙：中南大学出版社，2010.

[3] 付高峰，程涛．氧化铝生产知识问答［M］．北京：冶金工业出版社，2007.

[4] 周怀敏，杨德荣，等．氧化铝生产技术作业标准（原料制备　高压溶出　赤泥沉降分册）［M］．北京：冶金工业出版社，2014.

[5] 周怀敏，杨德荣，等．氧化铝生产技术作业标准（分解蒸发　焙烧成品分册）［M］．北京：冶金工业出版社，2014.

[6] 陈聪．氧化铝生产设备［M］．北京：冶金工业出版社，2013.

[7] 华一新．有色冶金概论［M］．北京：冶金工业出版社，2009.

[8] 符岩，张春阳．氧化铝厂设计［M］．北京：冶金工业出版社，2008.

[9] 中华人民共和国人力资源和社会保障部．氧化铝制取工（2020 年）［M］．北京：中国劳动社会保障出版社，2021.

[10] 资料来源：《每日红印|三线建设》　［OL］．学习强国网站（2021 年 6 月 13 日）．https://www.xuexi.cn/lgpage/detail/index.html?id=20822128220834686&amp；item_id=20822128220834686.

[11] 资料来源：《百炼成钢：中国共产党的 100 年|第三十七集　攀枝花开》［OL］．学习强国网站（2021 年 5 月 5 日）．https://www.xuexi.cn/lgpage/detail/index.html? id=3254142941871035121&amp；item_id=3254142941871035121.

[12] 资料来源：《〈钢铁脊梁〉第 1 集　钢铁雄心》［OL］．CCTV 节目官网（2021 年 11 月 29 日）．https://tv.cctv.com/2021/11/29/VIDEi1VQNmkvq8gPcUnJfDAU211129.shtml?spm=C55924871139.PB2pAjmfjy8u.0.0.

[13] 资料来源：《"手撕钢"见证中国制造实力》　［OL］．学习强国网站（2021 年 2 月 23 日）．https://www.xuexi.cn/lgpage/detail/index.html?id=6568449523032459759&amp；item_id=6568449523032459759.

[14] 资料来源：《〈钢铁脊梁〉第 3 集　钢铁之翼》［OL］．CCTV 节目官网（2021 年 12 月 1 日）．https://tv.cctv.com/2021/12/01/VIDECXHYVp41f2rWe9ha7q41211201.shtml?spm=C55924871139.PB2pAjmfjy8u.0.0.

[15] 资料来源：《"中铝造"助力中国航天事业发展》［OL］．学习强国网站（2021 年 10 月 20 日）．https://www.xuexi.cn/lgpage/detail/index.html? id=15634288307901646229&amp；item_id=15634288307901646229.

[16] 资料来源：《"中铝造"助力中国刷新发射间隔纪录和"一箭多星"发射纪录》［OL］．学习强国网站（2022 年 3 月 4 日）．https://www.xuexi.cn/lgpage/detail/index.html? id=3791217438674067473&amp；item_id=3791217438674067473.

[17] 资料来源：《〈钢铁脊梁〉第 6 集　钢铸未来》［OL］．CCTV 节目官网（2021 年 12 月 4 日）．https://tv.cctv.com/2021/12/04/VIDEeD6RNoxeyu98Hb9KZmLf211204.shtml?spm=C55924871139.PB2pAjmfjy8u.0.0.

[18] 资料来源：《工业资源如何综合利用》［OL］．学习强国网站（2022 年 2 月 7 日）．https://www.xuexi.cn/lgpage/detail/index.html?id=16854800925775189784&amp；item_id=16854800925775189784.